为孩子必做的事系列

谨献给6983位为本系列图书提供素材的妈妈
以及所有新妈妈们
希望她们和她们的孩子幸福快乐

感谢403位专家的共同参与和咨询解答
感谢顾问委员会11位专家的精心审订

为孩子必做的事系列①

为1岁孩子必做的
116件事

韩国《柠檬树》编辑部 编著

杨俊娟 荀晓宁 周 欣
刘 倩 张树程 李子建 译

科学普及出版社
·北 京·

图书在版编目（CIP）数据

为1岁孩子必做的116件事 / 韩国《柠檬树》编辑部编著；杨俊娟等译. —北京：科学普及出版社，2012.4
（为孩子必做的事）
ISBN 978-7-110-07630-9

Ⅰ. ① 为… Ⅱ. ① 韩… ②杨… Ⅲ. ① 儿童教育：家庭教育 Ⅳ. ①G78

中国版本图书馆CIP数据核字（2012）第004536号

For my kid series 1–116 things to do for my newborn baby By LemonTree Editor Department
Copyright © 2005 by 《LemonTree》Editor Department
ALL rights reserved
Simple Chinese copyright © 2012 by Popular Science Press
Original Korean edition published by JOONGANG m&b
Simple Chinese language edition arranged with jcontentree M&B
through Eric Yang Agency Inc.
版权所有 侵权必究
著作权合同登记号：01–2011–3609

出 版 人： 苏 青
策划编辑： 任 洪
责任编辑： 何红哲 侯满茹
封面设计： 彩奇风
正文设计： 青青虫工作室
责任校对： 林 华
责任印制： 张建农

出版发行： 科学普及出版社
（地址：北京市海淀区中关村南大街16号 电话：010–62173865 邮编：100081）
印 刷： 北京长宁印刷有限公司印刷
印 次： 2012年4月第1版 2012年4月第1次印刷
开 本： 787毫米 × 1092毫米 1/16
印 张： 13.5
字 数： 275千字
书 号： ISBN 978-7-110-07630-9/G · 3269
定 价： 38.00元

（凡购买本社的图书，如有缺页、倒页、脱页者，本社发行部负责调换）
本社图书贴有防伪标志，未贴者为盗版

策划理念

年轻的妈妈到底需要一本怎样的育儿书

“事事亲力亲为会觉得很吃力，什么都不做又怕孩子落后。” 很多妈妈都有这样的苦恼，孩子稍稍有点进步就想能进步得更快些，尽早尽多地教孩子一些东西。可有的妈妈发现，虽然努力开展了各种早期教育，但到了真正需要学习这些东西的时候，孩子反而落在了后面。早知道是这样的结果，当初的努力简直是搬起石头砸自己的脚。那么，早期教育是早开始好还是晚开始好，其标准究竟是什么呢?

“为什么许多育儿书都只讲理论而不实用呢?” 作为妈妈，很多事情都要独立作出决定。这时候，不少妈妈就会胆怯，没有自信，于是就求助于各种育儿书籍。可是，那些育儿书为什么都千篇一律地把内容集中在理论上呢? 那些理论虽然非常棒，可当真正面对孩子的时候，为什么觉得那些理论那么遥远呢? 最后只好去网上寻找答案了，但搜索到的结果却让人哭笑不得。难道就没有一本书能把理论与实际真正结合起来吗?

“现在就给那些彷徨的妈妈一些中肯的建议。” 很多妈妈都在为过去虚度的时间后悔，可又不知道现在该怎么办，既迷惑又焦急。年轻的妈妈都已经意识到，与自己成长的年代不同，妈妈的努力以及妈妈所作出的决定会对孩子的未来产生深远的影响。那么，这样一本可以化解迷惑与焦急的“妈妈指南”哪里有呢?

成书过程

6983位妈妈与403位专家共同给出了最实用的育儿答案

妈妈们亲自提交的“育儿问题” 现在的妈妈们究竟需要一本什么样的育儿书？对于这个问题，编辑团队在经过10次网络会议和街头访问后，终于得出了答案。虽然收集到的答案多种多样，不过，最终所有的意见都统一为：妈妈们需要的是一本“能够消除实际困惑的解答书”。那么，怎样才能得到一本好的“解答书”呢？首先，妈妈们在不断交流中汇总出一张“问题列表”，然后编辑团队按照孩子的不同年龄段各提取了200个育儿问题，以此作为本套书的基础。

专家顾问委员会11位委员挑选出“重点问题” 对按照年龄段筛选出的200个育儿问题，编辑团队把它们交给专家顾问委员会，并对顾问委员会提出要求：按照不同年龄段的发育标准，从各年龄段的200个问题中分别挑选出100个重点问题。

根据6476位妈妈投票再筛选出“核心问题” 顾问委员们挑选出的问题，再次被提交到育儿网站上。编辑团队的想法是，希望妈妈网友把各年龄段的育儿问题分别精简到最核心的50个问题。最后的结果有6476位妈妈参与了投票。于是，“最实用的育儿问题”出炉了。

不同领域的403位专家耐心解答 针对每个年龄段精心挑选出来的50个问题，构成了本套书不同分册的核心内容。在这份详尽、具体的问题列表出炉以后，事情变得明晰起来。在对以专家顾问委员会为核心的403位专家的咨询中，在对同类书籍的参考中，编辑团队耐心地寻找着最准确、最全面的答案。

507位有经验的妈妈提供了她们的“生活智慧” 专家的意见固然重要，而那些有丰富实践经验妈妈们的看法，也同样受到编辑团队的关注。通过采访这些妈妈，获得了很多不同于书面理论的回答，这些回答更贴近生活。

如何使用本书

“为孩子必做的事系列”是一套按照年龄段编写的实用育儿书。我们抛弃了厚度和泡沫，把更多的时间花在寻找现实生活中真正需要的答案上。

不同年龄段的育儿重点

1岁（0～12个月） 不同月龄的喂养方法；新手妈妈的育儿妙招。

2岁 培养好习惯；2岁孩子的“话痨”妈妈。

3岁 培养有想象力的孩子；在与孩子的主权争夺中获得胜利。

4岁 提高智商；让孩子在游戏中学习各种技能。

5岁 性格教育；培养社交能力，为未来的领导者打下基础。

6岁 奠定学习能力的基础；准备入学，增强体质，培养耐性。

这是年轻妈妈身边的助手 本套书不同于育儿专家的论文或教育家的著作，虽然我们也得到了许多育儿专家的帮助，但并没有照搬照抄专业理论。我们尽可能做到把理论与实际相结合，给出尽可能接近实际生活的正确答案。

当你需要专家时，请打开本书 在某个阶段，孩子应该发育到怎样的水平？这应该是每个妈妈都想知道的问题。本套书按照不同的年龄段，提供了孩子发育指标列表。如果发现孩子存在异常，可以尽快寻求专业人士的帮助。通常来说，异常被发现得越早越好，治疗得越及时越好。

专家顾问委员会

感谢403位专家参与了问题的解答，尤其要特别感谢11位各个领域的著名专家担任本套丛书的顾问委员会委员，他们为这套书付出了宝贵的时间和精力。

高西焕 曾担任韩国顺天乡大学和韩国成均馆大学的客座教授，是儿童肥胖症领域的权威专家，在家庭制作幼儿辅食方面也颇有建树。目前独立经营一家儿科诊所。

金英勋 毕业于韩国议政府天主教大学医学院，获得博士学位。曾在美国贝勒大学进修儿科和小儿神经科，是韩国最优秀的小儿科专家。目前担任韩国议政府天主教大学医学院附属圣母医院的副院长。

金仁京 毕业于韩国梨花女子大学政治外交系，在美国特洛伊大学获得硕士学位。目前主要从事儿童英语教育工作，同时担任韩国首尔小学英语研讨班的培训讲师以及韩国蔚山大学的英语培训讲师。

文美熙 妊娠心理专家，曾在韩国首尔大学小儿精神系进修，目前担任韩国人类发展研究所所长。作为三个孩子的母亲，文美熙在儿童心理与家庭教养方面有独到的见解。

徐贤珠 著名SUKSUK网站的创办人。网站主要服务对象是对儿童英语教育感兴趣的父母，目前已拥有大约30万名会员。徐贤珠的不少著作都是受到广泛欢迎的畅销书。

孙硕汉 毕业于韩国延世大学医学系，获得博士学位。曾就职于韩国多家医院小儿精神科。目前于韩国延世神经科附属小儿青少年神经科医院就职，致力于儿童和青少年的精神健康研究。

孙洪民 曾在韩国淑明女子大学、韩国首尔女子大学、韩国广播通信大学教授幼儿美术。创办了韩国儿童美术教育研究所。在进行儿童美术指导的同时，还承担着电视台教育频道的儿童美术节目录制工作。

申东吉 儿科专家。毕业于韩国庆熙大学中医系，获得博士学位。目前担任韩国最好的儿科中医院——韩国束草涵小儿中医院院长，从事儿童消化与发育方面的研究。

李仁实 资深育儿专家，曾担任韩国女性职场幼儿园以及韩国三星幼儿园的院长，并兼任网络学校韩国三六大学的幼儿教育系教授。他还凭借在实践中积累的宝贵经验，创办了专门服务于婴幼儿的教育机构。

玄顺英 毕业于韩国梨花女子大学特殊教育系和韩国东大学院特殊教育系。在韩国圣母医院语言治疗室、韩国红十字会语言治疗室从事儿童教育研究。同时，还担任电视台教育频道和文化频道幼儿节目的顾问。目前担任李路达儿童发展研究所所长。

黄京淑 图书研究专家、插图画家。曾为《大英百科全书·韩国部分》和《大英百科全书·儿童图书馆》执笔，还曾在《柠檬树》和《东亚日报》连载作品。长期在育儿专业网站《小书房》栏目中连载书评。

过了百天的孩子，一切都好吗

4个月后的孩子，一切都好吗

5个月后的孩子，一切都好吗

6个月后的孩子，一切都好吗

200天后的孩子，一切都好吗

8个月后的孩子，一切都好吗

9个月后的孩子，一切都好吗

10～11个月的孩子，一切都好吗

周岁的孩子，一切都好吗

Tips 实用小贴士

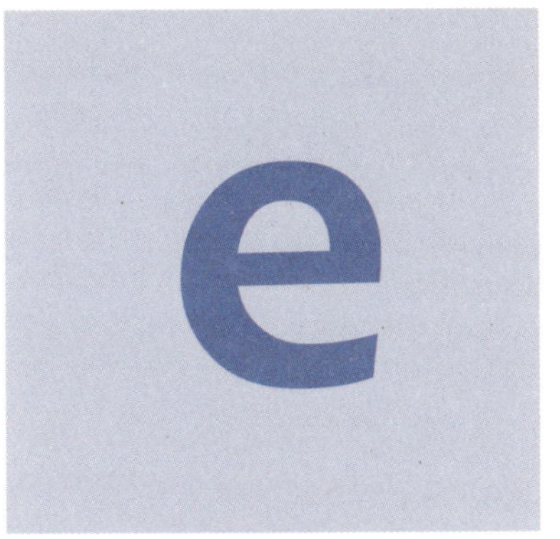

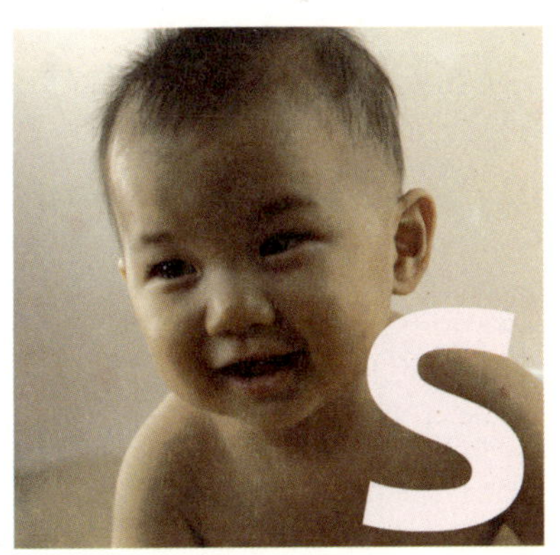

读懂你的孩子

Understand a child 0~12个月

从呱呱坠地到蹒跚学步，小婴儿降临人世后度过的第一年里，每天都在发生着令人惊奇的变化。对于这些变化，新妈妈既感到欣喜，又伴随着隐隐的担忧，我的宝宝一切都发育良好吗？本书按照不同的月龄进行编排，完整收录了宝宝每个月龄的生长发育指标，以及妈妈须了解和解决的育儿问题。同时，这本书还收集了许多宝宝的日常生活故事，可以让妈妈通过比较，了解自己的宝宝是否一切安好，并且怀着一种愉悦的心情，注视着宝宝的每一步成长。

0~12 个月，妈妈必须知道的事情

我的小宝贝，从只知道吃吃睡睡到迎来周岁生日，学会喊爸爸妈妈，迈出人生第一步。来到世界上的第一年，宝宝每天都充满着变化，让妈妈感到既惊喜又忐忑。与那些琐碎的育儿问题相比，妈妈更应该牢记的一点就是：对于宝宝来说，在这一年中，妈妈是连接他（她）与整个世界的纽带。

0～1个月

□会对声音作出反应。

□肚子饿或者不舒服的时候会哭闹。

1～2个月

□躺着的时候，头可以左右转动。

□趴着的时候，会努力想要抬起头。

□会短时间注视移动的光或者物体。

□肚子饿或者不舒服的时候，哭声的大小会有所不同。

□除了哭声，还发出一些低沉的声音。

□被抱着的时候，会依偎在大人的怀里。

□会无意识地微笑。

2～3个月

□立着抱的时候，头可以挺立一会儿。

□趴着的时候，头可以短时间抬起。

□可以注视距离7～8厘米的物体。

□开始看自己的手。

□会把手指或拳头放在嘴里吸吮。

□会手拿摇铃，并晃动。

□会发出“啊啊”“呜呜”等较长的声音。

□看到人的时候，会兴奋地挥舞胳膊。

□可以准确地对声音作出反应。

□发育较快的孩子已经会笑。

3～4个月

□躺着的时候，抓住孩子的双手向上拉，头不会后仰，并可以随着身体转动。

□趴着的时候，头可以抬高到45°。

□趴着的时候，可以用前臂支撑身体，头和胸部抬起。

□两只手可以握在一起。

□注视着孩子的眼睛与他（她）说话时，会发出笑声和“咿呀”声。

□听到妈妈的声音，会四处寻找。

□对孩子笑的时候，他（她）也会一起笑。

□哭声减少，笑声增加。

□在被哄的时候，喜欢发出较大的声音。

□发育较快的孩子已经可以向一侧翻身。

☐会用力蹬腿。

☐会发出一些类似于“啊呀”的双音节。

4～5个月

☐头可以向各个方向转动。

☐头可以挺直20秒以上。

☐趴着的时候，可以张开双臂，用手支撑身体，抬起头和胸。

☐躺着的时候，可以向旁边翻身，并翻回来。

☐用枕头垫在背后，可以短时间坐一会儿。

☐会用两只手抓住玩具。

☐对人和物体发出的声音，会作出不同的反应。

☐手抓摇铃的时候，会放到嘴里咬。

☐会注视自己的手，并玩手指。

☐听到音乐的时候，会停止哭声，并发出声音。

☐目光会跟随物体移动。

☐注视着孩子的眼睛与他（她）说话时，会安静下来，大人说完话后会再次发出声音。

☐会紧紧抓住手里的东西，不容易被拿走。

☐肚子饿又没有吃到奶的时候，会发脾气。

5～6个月

☐完全翻转身后不能自己翻回来，不过可以用胳膊协助翻回来。

☐趴着的时候，如果前面有玩具，会用手臂用力去够。

☐两只手可以各拿一个玩具。

☐可以区分生气的声音。

☐看到玩具会想要拿，拿到手里后会往嘴里送。

☐可以吃到自己的脚。

☐把玩具放在孩子可以接触到的区域，会伸手拿或者触摸。

☐如果物体从视野中消失，会注视消失的地方。

☐会发出“啊呀”“噢咿”的声音。

☐喊孩子名字的时候，会转头看，并发出声音。

☐会伸开双臂晃动，要求大人抱。

☐看到家人或是熟悉的人，会作出高兴的反应。

☐看到镜子里的自己，会笑，或抓，或用嘴触碰。

☐可以区分高兴和生气的表情。

6～7个月

☐可以向一边翻滚。

☐可以自由地在躺、趴、翻身等动作中转换。

☐可以趴着匍匐前进。

☐可以独自用双手支撑着坐一会儿。

☐会伸手够玩具。

☐会盯着掉落的物体看。

☐喜欢玩藏猫猫的游戏。

☐高兴的时候会发出声音。

☐不满意的时候会表达出拒绝的意思。

☐当有陌生人出现的时候，会感到害怕。

☐会发出“哒哒”的声音。

7～8个月

□可以独自掌握重心坐稳。

□扶着腋下让其站立的时候，会两腿用力支撑住身体。

□有的孩子可以翻身坐起。

□可以用手指尖抓住玩具。

□可以把骰子类的玩具，从一只手递到另一只手。

□可以发出“嘎嘎”“嗒嗒”的声音。

□会通过哭闹使要求得到满足。

□和父母在一起，当父母离开的时候会哭闹。

□当要求没有得到满足时，会用身体打挺表示抗议。

8～9个月

□会用手和膝盖向前爬。

□坐着的时候，手可以自由活动。

□可以扶着家具站起来。

□可以把一只手里的玩具递到另一只手里。

□可以用拇指和食指捏起小的物体。

□听到家人的声音，会把头转过来。

□积极尝试各种探索活动，例如抓起物体，再扔掉。

□会发出类似“妈妈”“爸爸”的声音。

□见到陌生人会感到害怕。

□当想让妈妈用两只手臂抱的时候，也会伸出两只手臂。

□当看到一些有趣的表情或动作时，会表现得很高兴。

9～10个月

□会手脚并用向前爬。

□可以扶着家具来回走。

□可以抓着妈妈的手站立10秒以上。

□会模仿大人拍手的样子。

□会揉搓或撕纸。

□在孩子面前将玩具藏到被子底下，知道掀开被子寻找。

□当听到“不行”“不要”的时候，会停止动作。

10～11个月

□躺着的时候，可以独立坐起来。

□坐着的时候，可以独立站起来。

□抓住物体或者大人的手，可以走几步。

□看到镜子里的自己，会去亲吻。

□可以用拇指和食指指尖捏起小的物体。

□可以独自玩10分钟左右。

□听到有人喊自己的名字，可以暂时停下动作，并扭头看。

11～12个月

□可以扶着家具熟练地移动。

□可以张着两臂走动。

□可以把一个物体推到旁边，然后够另一个物体。

□可以比较清晰地喊“妈妈”“爸爸”。

□可以用除了哭以外的其他方法来表达情绪。

□当发现爸爸、妈妈喜欢某种行为时，就会反复进行这种行为。

□当音乐响起的时候，会跟随节奏摇晃身体。

□试图用杯子喝水。

□开始尝试说出“妈妈”“爸爸”以外的其他词语。

□会说出一些大人无法理解的词语。

宝宝身高和体重的发育是否正常，这是每个妈妈都会关心的问题。表0.1和表0.2给出了0～12个月婴儿的平均身高和体重值，供妈妈们参考。

表0.1　0～12个月女婴的平均身高和体重

月龄	体重（千克）	身高（厘米）
新生儿	3.3	50.5
新生儿*	3.24	49.7
1个月	4.3	54.2
1个月*	4.73	55.6
2个月	5.5	58.1
2个月*	5.75	59.1
3个月	6.3	61.3
3个月*	6.56	62.0
4个月	6.5	63.6
4个月*	7.16	64.2
5个月	7.5	65.8
5个月*	7.65	66.1
6个月	8.0	67.7
6个月*	8.13	68.1
7个月	8.2	69.2
8个月	8.5	70.6
8个月*	8.74	71.1
9个月	8.9	72.2
10个月	9.2	73.6
10个月*	9.28	73.8
11个月	9.5	75.1
12个月	9.8	76.6
12个月*	9.80	76.8

资料来源：大韩小儿科学会0～12个月女婴发育标准值。

注：*数据为“中国九市城区7岁以下儿童体格发育测量值（2005年）”，供参考。

表0.2　0～12个月男婴的平均身高和体重

月龄	体重（千克）	身高（厘米）
新生儿	3.4	50.8
新生儿*	3.33	50.4
1个月	4.6	55.2
1个月*	5.11	56.8
2个月	5.9	59.2
2个月*	6.27	60.5
3个月	6.8	62.6
3个月*	7.17	63.3
4个月	7.4	64.8
4个月*	7.76	65.7
5个月	7.9	67.0
5个月*	8.32	67.8
6个月	8.5	69.1
6个月*	8.75	69.8
7个月	8.8	70.5
8个月	9.0	71.9
8个月*	9.35	72.6
9个月	9.4	73.5
10个月	9.7	74.9
10个月*	9.92	75.5
11个月	10.0	76.3
12个月	10.3	77.7
12个月*	10.49	78.3

资料来源：大韩小儿科学会0～12个月男婴发育标准值。

注：*数据为“中国九市城区7岁以下儿童体格发育测量值（2005年）”，供参考。

Part 01

降临人世

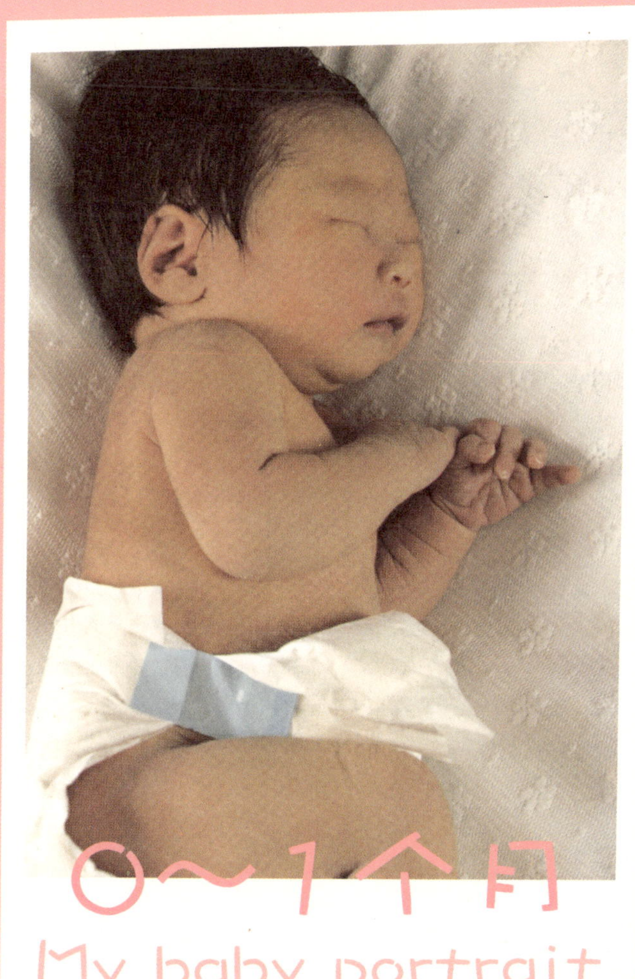

0～1个月

My baby portrait

这世上还有比一个新生命的诞生更神奇的事情吗？相信每位妈妈都会有这样的感觉：诞下一个新生命，变成一位母亲，这本身就是一个奇迹。均匀的呼吸、香甜的睡姿，吸吮乳汁、睁开眼睛，甚至是粉嫩小手的一个微小动作，都让人觉得那么奇妙。在充满无限喜悦的同时，唯一让妈妈忐忑的事情，恐怕就是如何呵护自己的宝宝健康成长了。

出生后的0～4周，是新生儿离开妈妈温暖舒适的子宫，初到这个新世界最艰难的适应阶段。因此，在这段时期，妈妈必须要小心看护，宝宝任何一点细微的变化都应该及时发现，并做出相应处理，尽可能给宝宝更多的关怀。

你的宝宝在哪个“百分位”

百分位是一个统计学词汇，在这里是指在100名孩子中的相应位置。例如第75百分位，就是按照从小到大的顺序，在100名孩子中位于第75位。因为每个孩子出生时的身体情况和生长速度都有所不同，所以不必过分计较体重或身高的实际数值。出生时位于第25百分位上的孩子，如果持续保持在这个标准上，就说明他（她）的生长发育一切良好。这两个表格（表1.1和表1.2）的使用方法是，先找到孩子出生时的体重，再找到所对应的百分位数。比如，出生时体重为3.67千克的男婴，所对应的百分位就是75。

表1.1　男婴出生时的身体数据

指标	出生时百分位数						
	3	10	25	50	75	90	97
体重（千克）	2.56	2.81	3.09	3.36	3.67	4.01	4.42
身高（厘米）	46.0	47.7	49.1	50.8	52.4	54.0	56.0
头围（厘米）	31.5	32.5	33.5	34.5	35.6	36.8	38.0
胸围（厘米）	30.0	31.0	32.0	33.4	34.7	35.9	37.3
体重（千克）*	2.62	2.83	3.06	3.32	3.59	3.85	4.12
身高（厘米）*	47.1	48.1	49.2	50.4	51.6	52.7	53.8

注：*为“中国0～18岁儿童青少年身高、体重百分位数（2005年）”。

表1.2　女婴出生时的身体数据

指标	出生时百分位数						
	3	10	25	50	75	90	97
体重（千克）	2.49	2.71	2.99	3.26	3.56	3.89	4.39
身高（厘米）	45.2	47.0	48.5	50.0	51.6	53.2	55.0
头围（厘米）	31.0	32.0	33.0	34.0	35.0	36.0	37.0
胸围（厘米）	29.6	30.8	32.0	33.0	34.1	35.5	37.0
体重（千克）*	2.57	2.76	2.96	3.21	3.49	3.75	4.04
身高（厘米）*	46.6	47.5	48.6	49.7	50.9	51.9	53.0

注：*为“中国0～18岁儿童青少年身高、体重百分位数（2005年）”。

这个时期孩子身上的变化

宝宝的特征 刚出生的孩子，头大约是整个身体长度的1/4，头围是肩宽的2倍，腿的长度不超过身体的3/8，皮肤上会有一些富含油脂的白色胎脂。在医院的三天中，有些新生儿身上的胎脂就会脱落干净，有些则是在随后的两周中逐渐脱落。因为出生时孩子在狭窄的产道中受到挤压，所以有些孩子皮肤里一些细小的血管可能会破裂，表现为脸部出现一些紫色的斑点，不过不必为此担心。新生儿的皮肤上还会

在吃吃睡睡中一天天长大

孩子刚出生时，每天要保持20个小时的睡眠，但这段时间对于幼小的孩子来说，是适应新世界的艰难过程。宝宝出生后，各位新妈妈就要忙于一些琐碎的事情，例如免疫接种、新生儿体检等，不要忘记每天与宝宝的情感交流。

出现一种红色斑点，叫做中毒性红斑，这也不需要特别的治疗，慢慢就会自然消退。另外，有的新生儿小屁股附近会出现一些好像瘀斑一样的青黑色痕迹，这是胎记，通常也会随着时间的变化而逐渐变淡和消退。

20个小时的睡眠 对于新生儿来说，无论白天黑夜，除了吃奶和排泄，其他时间几乎都是在睡眠中度过的。不过，新生儿食量比较小，随时都可能醒来吃奶，一般每2～3个小时会醒来30分钟左右。

体重会暂时性降低 出生3～4天后，新生儿的体重会降低200～300克。这是因为宝宝还不太会吃奶，同时随着大小便的排泄增加，因此会出现这样的情况。婴儿的体重，通常从出生后1周开始，每天增加50～80克，1个月后体重会增加1～1.5千克。

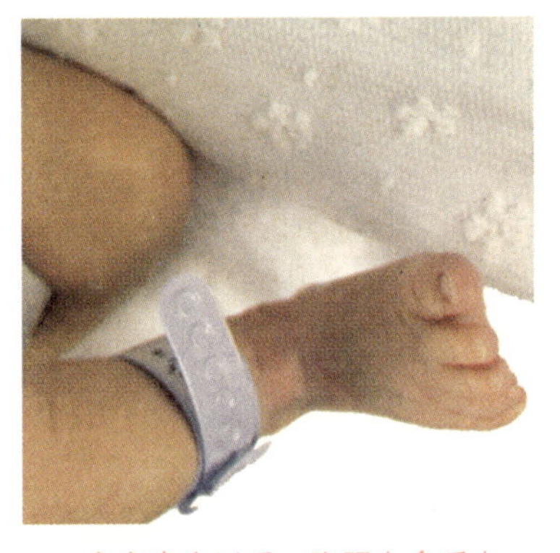

宝宝出生以后，脚踝上会系上一个标记环，上面记录孩子的姓名以及出生时的体重。

反射行为 所谓反射行为，指的是婴儿会对来自外部的刺激作出本能的反应。如果没有出现这种反射行为，那么有可能是婴儿的大脑或者运动神经存在一些问题，须做进一步检查。当用乳头或手指抚摩婴儿的面颊时，他（她）就会转头张嘴并做出吸吮的动作，这叫做觅食反射；当婴儿嘴里充满奶水时，会把奶水通过咽部咽下去，这是吞咽反射；触摸婴儿的手掌时，他（她）会握紧拳头，这是抓握反射，也叫达尔文反射；两手托住其腋下，让婴儿的脚接触地面，他（她）会做出要向前走的动作，这叫做踏步反射；用手指刺激婴儿的脚掌，脚趾会呈扇形打开，这叫做巴宾斯基反射；出现突然刺激时，婴儿会四肢伸直，头朝后仰，这是莫罗反射，也叫惊跳反射。

采用腹式呼吸，心跳和呼吸较快 新生儿正常的体温应为36.5～37.5℃，但是，当体温调节能力下降时，体温会随着外部的温度发生变化。一般新生儿的心跳是每分钟120～180次，呼吸是每分钟30～40次，比成年人快2～3倍。另外，因为新生儿都是采用腹式呼吸，所以呼吸时会出现肚子起伏的情况。

观察大便的颜色 新生儿的第一次大便会呈现出很深的黑色，这是因为在母亲子宫里的时候，其消化道里积聚了羊水和胆汁等。随后，宝宝大便的颜色会逐渐变成黄色。在新生儿初期的时候，尿布上经常会沾有一些大便，这属正常情况。如果是吃奶粉的孩子，大便会呈现出灰黄色或者草绿色。

每天排尿8～12次 因为新生儿还没有发育成熟，小便中的尿酸较多，白色的尿布会呈现出粉红色。新生儿每天要排尿8～12次，通过观察尿量，可以了解宝宝的吃奶量是否合适。

可以集中视线 因为新生儿的眼睛还没有发育成熟，所以其目光很难集中在一个焦点上，只能看到30厘米以内的事物。韩国人类发展研究所的文美熙所长认为，新生儿从这个时候就已经开始“理解”外面的世界了。至于对整个外部环境的适应，这才刚刚是一个开始。

这个时期妈妈要完成的育儿作业

宝贵的初乳 关于初乳的重要性已经无需多言。从产后的2～3天开始，一直到5～6天，妈妈会分泌出黄色的初乳，初乳中包含了可以让宝宝远离疾病的免疫成分和营养成分。另外，初乳还可以抑制肠道细菌的繁殖，促进宝宝的消化吸收。

成功地哺乳 生完孩子之后，母乳并不会像自来水那样立刻就会打开水龙头，有时可能需要3～4天的时间才会有奶水。有的孩子可能出现不会吃奶的现象。最好的哺乳方法应该是，每当孩子需要的时候，就要让他（她）吮吸。即使奶量很少，也绝不要放弃。另外，对于哺乳时可能出现的问题，也最好能提前做个准备。

正确处理黄疸 出生2～3天后，有些新生儿的皮肤会变成黄色。这是因为新生儿的肝功能还没有发育成熟，血液中胆红素增高所致。这是新生儿经常会出现的一种情况，不能算是疾病，准确地说应该叫做生理性黄疸，通常在出生后10天左右就会自动消失。不过，另外还有一种情况属于病理性黄疸，那就需要尽快去医院进行详细的检查和治疗了。严重的话，病理性黄疸可能还会造成听力和大脑的损伤，所以发现新生儿黄疸后，首先要明确是生理性的还是病理性的，然后再进行处理。

护理好宝宝的脐带 脐带是连接胎儿与母亲的生命带，在妈妈的子宫里胎儿要通过它获取营养，排泄掉废物。一般在宝宝出生后1周左右，脐带会自行脱落。虽然在具体的脱落时间上，不同的孩子会略有差异，但是如果延迟了两周以上，就必须要去医院检查一下脐带处是否出现了炎症。

清理胎脂 胎脂是覆盖在宝宝皮肤上的保护膜。不要用力去揉搓，可以用柔软的毛巾进行擦拭。另外，有时胎脂还会一块一块地附着在头皮上，这属于脂溢性皮炎的一种，可以用柔软的毛巾蘸着婴儿润肤油进行擦拭。

不要用力按压囟门 观察宝宝的头顶，会发现一片摸上去较软的地方，宝宝呼吸的时候，这个地方会轻微搏动，这个部位叫做囟门。这是两侧额骨与两侧顶骨之间的菱形间隙，千万不能用力按压。位于脑后方的后囟门会在出生后6～8周闭合，而位于头顶的前囟门则要在1周岁后才能完全闭合。所以在宝宝1岁以内时，一定要注意保护好头部。

Tips 什么是病理性黄疸

有下列任何一项者即可诊断为病理性黄疸。

1 出生后24小时内出现黄疸。

2 每日血清总胆红素上升超过85微摩尔/升。

3 黄疸持续时间长，足月儿>2周，早产儿>4周。

4 黄疸退而复现。

5 血清结合胆红素>34微摩尔/升。

Tips 怎样给孩子申报户口

申报户口的时候，必须先给孩子取好名字，准备好医院开具的出生证明、户口申请表。准备好这些材料以后，父亲或者母亲带着身份证去当地派出所办理就可以了。

不要让宝宝太热 新生儿的体温调节功能还不完善，一个很小的动作都会让他（她）的体温上升。特别是在刚哭完或者刚吃完奶以后，如果这时翻转孩子的身体，孩子的体温就会立刻升高，所以最好不要把孩子裹得过分严实。通常，室内温度保持在20℃左右就很合适，当大人觉得稍微有些凉的时候，对宝宝来说则是正好。

每天定时测量体温 如果不能确定目前的环境是否适合宝宝，随时测量体温是一个很好的办法。只有这样，才能准确掌握孩子的状态。

学会听懂宝宝的哭声 新生儿只能依靠哭来表达他（她）的意图。因为孩子的各种感官尚未发育成熟，这个时期的哭声，所要表达的意思无非就是肚子饿了、尿布湿了或是腹痛。当孩子哭的时候，首先要弄清楚哭的原因，然后再采取相应的措施。

不要忘记免疫接种 宝宝一出生就要在医院里注射乙型肝炎疫苗，以及预防结核病的卡介苗。出生1个月，还要进行乙型肝炎疫苗的加强注射。免疫接种是保护孩子一生健康的第一步，所以爸爸、妈妈一定不能忽视。

申报户口 别忘了给孩子申报户口。韩国的法律规定：从孩子出生之日开始，一个月内进行户口申报。逾期就会处以罚款。

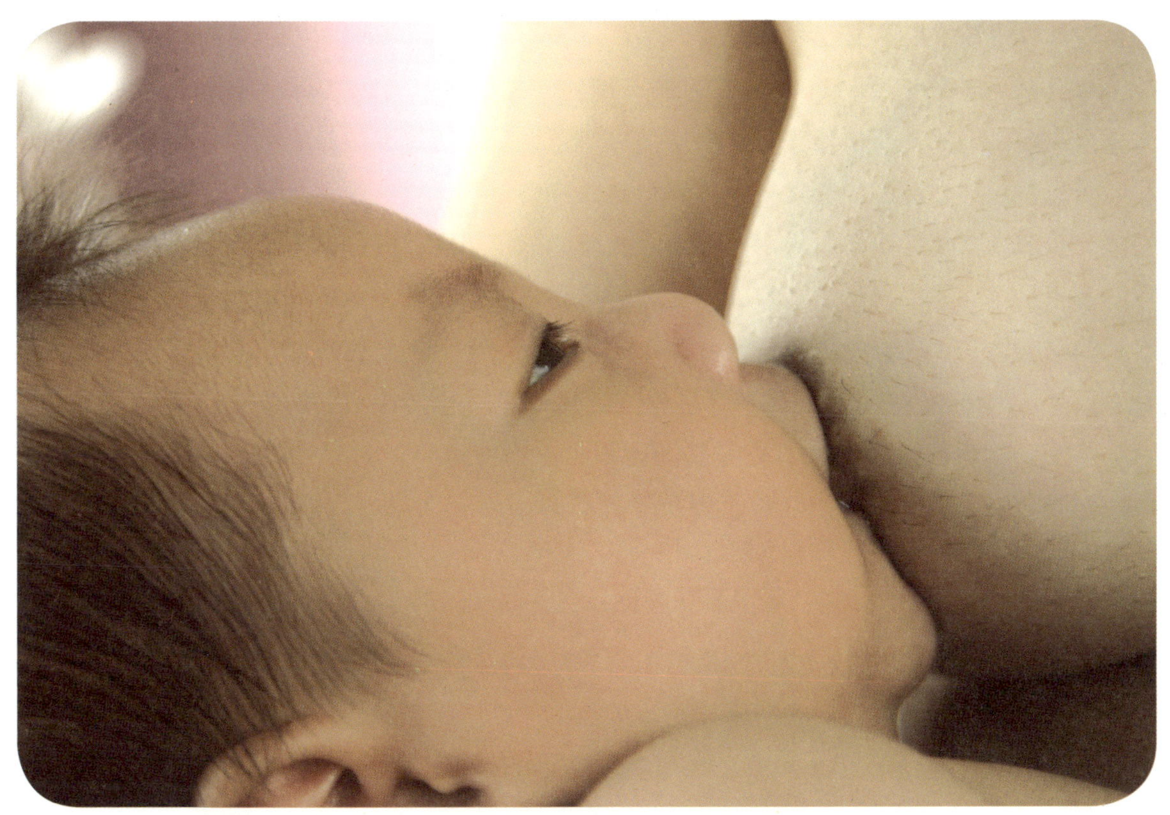

母乳是孩子最好的食物

关于母乳的优点，已经是众所周知了。可是，如果缺乏必要的心理准备和基本常识，或许就无法正确有效地采用母乳喂养。

了解母乳的优点

母乳是保证孩子均衡摄取营养的最佳食物。母乳中包含了6个月内婴儿所需要的全部营养成分，特别是可以保护孩子远离疾病的困扰，因为母乳中含有牛奶所没有的免疫物质。孩子出生的时候，会从母亲那里获得抗体，而母乳中的免疫物质会进一步强化这种抗体，所以，母乳喂养的孩子得病几率很低。另外，母乳中还含有一种名叫“双歧因子”的物质，可以促进孩子的消化吸收，同时还能降低腹泻、胃肠疾病以及呼吸道感染的发生率。

母乳喂养的第二个特征，是在给孩子哺乳的过程中，可以让母亲与孩子之间的纽带关系更加牢固。把孩子搂抱在怀里喂奶的时候，是孩子与母亲最亲密的时光，会带给母亲和孩子一种安详、舒适的感觉。很多专科医生都会认同这样的观点：母乳喂养的孩子一般性格比较温和，情绪也比较稳定。与混合喂养的孩子相比，一些常见小病的患病率也比较低。如果从妈妈的立场出发，哺乳也有利于产后恢复。哺乳会令产妇体内产生一种名叫催产素的物质，它不仅能令子宫快速收缩，还可以有效地遏制产后出血。采用母乳喂养，还会降低产妇患乳腺癌和卵巢癌以及产后抑郁症的几率。

此外，吃奶的时候，孩子必须要进行下颌肌肉的运动，这样可以促进孩子下颚的发育。同时，母乳喂养还能防止孩子吸吮手指，对以后牙齿的发育很有好处。

产后应尽快开始哺乳

母乳喂养成功的关键一步，就是要在产后尽快开始哺乳。很多专家都建议，应该从孩子一降生就立刻开始哺乳。只有这样，才能让孩子在接触奶嘴之前，先学会吸吮妈妈的乳头。通常到产后3天的时候，妈妈才会正常分泌乳汁。不过不必过分担心，新生儿每次吸吮的奶量都很少，有几滴奶水其实就已经足够了。即便这样，还是应该让孩子多吸吮，因为吸吮会促进乳汁分泌。

不要忽视珍贵的初乳

从妈妈妊娠7个月开始，乳房中就会开始产生初乳。初乳乳汁非常浓，呈深黄色，里面包含了配方奶粉所无法比拟的营养成分。首先，初乳中含有丰富的蛋白质和维生素A。对新生儿来说，这是最好的也是最宝贵的第一口食物。其次，初乳中含有的蛋白质要比牛奶更加利于新生儿的胃肠消化，几乎可以被全部吸收。第三，初乳中还含有丰富的免疫球蛋白，摄取了这些免疫球蛋白后，新生儿可以免受细菌和病毒的侵袭。

产后7～14天开始逐渐分泌成熟乳

成熟乳中含有的营养素主要有两种：第一是蛋白质，但比初乳的含量要低。牛奶中含有的蛋白质尽管也不少，但是实际能让孩子吸收到体内的却并不多，而孩子却可以很好地吸收母乳中的蛋白质。第二是脂肪，成熟乳中脂肪含量高于初乳。母乳中的脂肪可以提供给孩子所需的热量，而且脂肪也是孩子大脑发育的必需物质。此外，成熟乳中还包含可以帮助脂肪消化的酶。

哺乳方法ABC

哺乳前先按摩乳房 开始哺乳之前，可以先把纱布手巾在热水中浸湿，然后敷在乳房上面。也可以把纱布手巾浸湿后，放到微波炉里加热30秒，把它变成一块按摩手巾。然后用一只手托起要按摩的乳房，再用另一只手轻柔地按摩。先在乳头周围进行螺旋式按摩，再从乳房边缘向乳头方向轻轻推压，把整个胸部向上推。最后挤压乳头，挤出一两滴乳汁就可以了。

选择一种舒服的坐姿 哺乳之前，妈妈要选择一种最舒服的坐姿。因为产后不久，会阴部的伤口还没有痊愈，当伤口疼痛比较严重的时候，可以在后背和胳膊底下垫一个枕头，这样能适当地缓解疼痛。如果是剖宫产的话，则可以选择半躺的姿势哺乳。

哺乳的时候，让孩子含住乳晕 孩子只有正确地含好乳头，才能吸到充足的奶水。虽然乳汁是从乳头分泌出来，但是乳汁集中的地方其实是乳晕（乳头周围黑色的部分）。所以，在喂奶的时候，一定要让孩子含住乳头和乳晕。如果只含住乳头，既会造成乳头疼痛，还会出现吸不出奶水的情况。喂奶的时候，首先要轻轻拨开孩子的下唇，让他（她）张开嘴，然后用手指捏住乳头周围，把整个乳头连同乳晕部分都塞进孩子嘴里。孩子吃奶的时候，乳晕部分应该是几乎看不到的。经过两三次以后，大部分的孩子就会掌握这种吃奶的方式了。一侧乳房吃5～10分钟，就可以换到另一侧了。

Tips 0～1个月婴儿的哺乳量和哺乳次数

- 1天热量100～130千卡/千克体重。
- 1天水分130～200毫升/千克体重。
- 哺乳次数每天 6～7次。

译注：1千卡＝4.184千焦耳。

Tips **初乳中含有的免疫因子**

IgA IgA是乳汁中最重要的免疫球蛋白，它是一种强大的抗病毒抗体，可以有效抵抗侵入身体内的病毒。

IGF-1 IGF-1是一种生长因子，它直接关系着孩子的发育，可以帮助脂肪转化成热量，有效地促进大脑活动，提高孩子的注意力。

S-IgA S-IgA可以有效地阻止细菌的入侵。

IgD和IgE 两者对病毒具有高度的抵抗性，可以改善过敏性反应。

IgG IgG是初乳中含量最高的一种重要免疫球蛋白。它的作用是中和毒性物质。临床研究表明，IgG不仅能杀死滞留在肠道内的病毒，还可以杀死通过肠道进入血液的病毒。

IgM IgM与IgG能够共同破坏侵入人体的细菌，这种抗体可以在体内维持几年甚至一生。

TGF和IGF-1 对炎症创伤、组织修复、胚胎发育等具有重要的调节作用。

先吃空一侧乳房，再吃另一侧

通常，孩子吃饱以后会把乳头吐出来。其实在吃奶的过程中，奶水的品质已经发生了变化。最开始分泌出来的奶水比较稀，这叫“前奶”，主要包含的是水分和碳水化合物，前奶可以湿润孩子的喉咙，并让他（她）适应奶水的味道。然后就会分泌出乳白色的“后奶”，后奶中包含了孩子大脑发育所需的脂肪。因此，最好能把一侧乳房完全吃空再吃另一侧，这样才能保证孩子吸收到所有的营养。

喂完奶后让孩子打嗝

因为新生儿的胃肠道尚未发育成熟，所以孩子吃完奶后很容易吐奶。这种情况在孩子满6个月，能坐起来后会有所改善。喂完奶后让孩子打个嗝，可以有效防止吐奶，同时可以排出随着奶水一起吞入孩子体内的空气。大多数孩子会在吃完奶后3～5分钟打嗝。如果孩子没有打嗝，最好不要马上让他（她）躺下。把孩子竖直抱起靠在肩上，用手从下向上摩挲孩子后背，也可以起到同样的作用。

应该服从孩子的需要

在很多育儿书中都会建议哺乳的间隔和次数。不过，现在又出现了另一种观点：无论什么时间，只要孩子想吃就可以喂。也就是说，不必按照规定好的时间喂奶，而是应该服从孩子的需要，因为孩子会本能地调节自己所需的奶量。曾经见过这样的妈妈，因为想调整喂奶间隔，而对饿得大哭的孩子置之不理。基本生理需求遭到拒绝的孩子，会非常不满。其实，即使是已经吃空的乳房，由于孩子不断吸吮，奶量也会是增加的。最好的母乳喂养专家应该就是宝宝自己，所以，服从孩子的需要才是最正确的做法。

如果妈妈的奶水不够，可以24小时喂

很多妈妈放弃母乳喂养的一个主要原因，是觉得自己的奶水不够孩子吃。如果孩子的体重持续增加，并且吃奶后会露出满足的表情，24小时内有6次以上的小便，那么我们就可以认为，孩子得到的奶水是充足的。

如果喂奶后孩子没有吃饱，就会一直哭闹，还会把手放进嘴里吸吮，并且咬乳头的时候嘴会张得很大。这时候除了继续喂奶，没有别的方法。如果担心孩子吃不饱而改用奶瓶喂奶粉的话，孩子要求的母乳量就会相应减少。一定要相信，只要孩子吃，奶水一定会有的。其实，乳房的作用并不是储存，而是生产，它具备能够生产出孩子所需奶水的能力。很多母乳喂养专家都认为，即使是生育了双胞胎的妈妈，乳汁也足够喂养两个孩子。如果妈妈的奶水确实不够，当然也可以尝试一些其他的喂养方式。

哺乳期妈妈减肥会对宝宝产生不良影响

哺乳期的妈妈，必须摄取足够的营养成分。如果刚生完孩子就开始减肥，必然会影响到母乳的分泌。其实，大部分妈妈在哺乳的这一年中，体重会逐渐下降，不必过分担心肥胖问题。如果想正常分泌乳汁，妈妈的身体和心情都要保持良好的状态。过度疲劳或者压力过大，都会影响乳汁的分泌，严重的话，甚至会出现没有奶水的情况。因此，生完孩子以后，妈妈必须要保证充分的休息并获得充足的营养。当然也不需要吃什么特殊的食物，只要能保证营养均衡，奶水自然就会畅通无阻。当奶水不太好的时候，多吃一些汤水，或是蛋白质和脂肪含量高的食物，会有一定帮助。

如果无法采用母乳喂养，最好的选择当然就是配方奶粉。如果必须要喝配方奶，也不必过分纠结，应该以一种愉快的心情，带着更多的爱去喂养孩子。

为孩子选择类似母乳的配方奶粉

首先要了解配方奶粉

婴儿喝的奶粉，确切的名字应该是“配方奶粉”，虽然它是以牛奶为原料制造的，但跟牛奶并不完全一样。配方奶粉对牛奶进行了加工，添加了铁、钙等营养元素，让它尽可能地接近母乳，以便让孩子更加容易消化吸收。不同品牌的配方奶粉添加物的成分会有所不同，不过，在孩子所必需的重要成分上，基本都是一致的。因此，选择哪个牌子的配方奶粉，实质上并没有太大的差别。一般来说，配方奶粉会根据孩子的月龄，分成3～4个阶段。

在特殊情况下使用的配方奶

液态配方奶 顾名思义，这种奶不必再进行冲调，而是直接制作成液体状态。由于孩子喝配方奶必须要保持一定的浓度，但是在冲奶粉的时候，有时会出现浓度不适宜的情况，而液态奶就不存在这个问题。不过同时这也带来一个缺点，那就是无法根据孩子的特殊状态来增加奶的浓度。

可以防止腹泻的特殊奶粉 这是一种可以在孩子发生腹泻时，既能遏制病情，又能提供营养的奶粉。腹泻会造成肠道功能下降，给消化吸收带来影响，导致水分和电解质的流失，很容易使宝宝营养缺失。这时候，如果喝一般奶粉，可能会加重腹泻。由于腹泻会使分解乳糖的酶缺失，而这种特殊奶粉大多会减少乳糖含量，并对蛋白质进行了特殊处理，添加维生素、矿物质等容易缺乏的营养素。在孩子腹泻时，更要提供各种必需营养，并保证有效的消化吸收，因此可以选择这种特殊的奶粉。腹泻症状停止2～3天以后，可以混合一些普通奶粉，然后再逐渐增加普通奶粉的比例。

防过敏奶粉 有些孩子在喝配方奶粉以后，会出现一些过敏症状。如果又必须要喝，就可以选择对过敏原，也就是蛋白质进行过特殊处理的奶粉。这种特殊奶粉是针对牛奶过敏或者乳糖不耐受等特殊情况研制开发的。有些孩子即使吃植物蛋白产品，依然会有过敏反应，所以很难判断孩子是属于哪种情况。特殊奶粉最好是在特殊情况时使用，如果决定为孩子使用特殊奶粉，应该先去医院看医生，然后根据医生的建议来选择。

选择哪个牌子的奶粉，并没有太大差别

目前市场上的配方奶粉种类繁多，到底该选择哪种呢？相信这是让很多妈妈都感到困惑的问题。从一出生就准备喝配方奶粉的孩子，妈妈最先熟悉的大多是出生医院提供的奶粉。有些医院只提供某一家合作公司的奶粉，有些医院会同时提供几种不同品牌的奶粉，让妈妈们选择。如果宝宝喝医院提供的奶粉没有问题，那么出院之后，也没有必要去更换品牌；如果孩子出现轻微的腹泻、便秘或呕吐等症状，则说明他（她）不太适应这种奶粉。这时候，就要重新考虑一下喂养方法，并且要随时注意观察孩子的状态。

人工喂养之前的准备

奶粉　家里的奶粉储量要保证充足，以免孩子在半夜忽然要喝奶的时候，出现断粮的情况。奶粉最好储存在铁盒子中，另外还要特别注意，奶粉的保质期通常都是很短的。

奶瓶　应该准备7～8个奶瓶。新生儿应该使用125毫升的奶瓶，这种奶瓶的使用时间比较短，所以准备两个就够了。其余的就要选择250毫升以上容量的。瓶口最好比较宽大，这样清洗和保管起来比较方便。购买的时候，还要考虑奶瓶的材质，尽量选择不易打碎，并且能清洗干净的奶瓶。

奶嘴　准备奶瓶的时候，每个奶瓶都要配备一个奶嘴。因为奶嘴比较容易损坏，所以最好再多准备2～3个备用。购买奶嘴的时候，首先要考虑是否与奶瓶配套，其次还要考虑出奶口的大小。

奶瓶刷　清洗奶瓶的时候，可以用刷子，也可以用海绵。用海绵的话，可以很好地清除瓶身上的残渣。

奶瓶清洗剂　奶瓶清洗剂可以有效地清除奶瓶中残留的油脂。

消毒工具　奶瓶的消毒方式有多种，可以把奶瓶和奶嘴放进沸水中煮，还可以使用蒸汽消毒锅及自动消毒锅等，可根据个人情况进行选择。

配方奶粉ABC

奶粉的量取　量取奶粉一般都是使用奶粉盒中附带的量勺。不过，一定要记住：在用量勺舀奶粉的时候，要保持勺面平整，不能过满也不能不满。奶粉的浓度都是严格按照孩子的月龄来定的，如果浓度过高，会造成孩子的消化不良，并让孩子摄取到过多的钠；相反，如果浓度过低，孩子则无法吸收到充足的营养。当需要增加孩子的奶量时，也必须要

Tips 什么是牛奶过敏

牛奶过敏，指的是对牛奶中的蛋白质产生过敏反应，出现呕吐、腹泻、红疹等症状。根据调查，有2%的婴儿在喝完奶后立刻出现过敏反应，但大多数则是在1～2个月以后出现过敏反应，如呕吐、腹泻、腹痛等。如果情况严重，可能还会引发肠出血或是贫血。如果停止喝奶后症状消失，恢复喝奶后48小时内，相同的症状又再次出现，就很有可能是牛奶过敏。随着孩子的长大，其免疫功能和肠道发育更加完善，这种情况会自然减少，一般到2岁左右就会完全消失了。

按照准确的比例来调整水和奶粉的量。不同公司的产品，量勺的容量也会有所不同，在使用之前，一定要先认真阅读包装上的各项说明。

冲调奶粉的水　应该把新鲜的冷水烧开晾凉后再冲调奶粉。最好不要使用反复烧开的水，也不要使用添加了氯的水和矿泉水。

奶粉的温度　冲调奶粉最合适的温度应该是40℃左右。把奶滴在手臂上，感觉不烫就可以了。如果觉得太热，可以把奶瓶在凉水中浸一会儿，几分钟后再重新测量一下温度。最好不用电磁炉进行加热，因为这种快速加热的方法会破坏奶中的营养元素。给孩子喝的奶应该是温的，即使稍凉点也没关系，但绝对不能太热。

必须抱着孩子喂奶

对于妈妈和宝宝来说，喂奶都是一个非常重要的时刻。喂奶不仅能够给孩子提供发育所需要的营养，还能让孩子与妈妈的关系更加紧密牢固。即使宝宝喝配方奶，妈妈也可以像喂母乳那样，把他（她）抱在怀里，一边轻声低语，一边喂奶，这会让孩子感觉非常温暖、安全，并且感受到妈妈深深的爱，而且这样抱着孩子喂奶，妈妈还可以随时感受到孩子的体温，也是一件很好的事情。当然，也有一些妈妈是让孩子躺在床上喝奶的，或许这样会让妈妈觉得很方便，但对孩子来说，并不是一种舒服的姿势，而且孩子无法感受到妈妈的关爱。喝奶的时候，有的孩子会大口大口地很快喝光，也有的孩子要喝上30分钟，还有些孩子每次喝的量很少，几乎一天都抱着奶瓶。无论是哪种情况，妈妈都应该保持耐心，怀着爱来照顾孩子，这对孩子是非常重要的。不同的孩子，每天需要的奶量也是不一样的，甚至还可能出现很大差异。不要因为自己的孩子比别的孩子喝得少而特别担心，

该隔几个小时喂一次奶

正确的答案当然是孩子饿的时候喂就可以了，也就是说，不必按规定的时间喂奶，而应该按孩子的需要喂奶。一般来说，3～4个小时喂一次就可以了，尽量不要5～6个小时都不给孩子喂奶。儿科医生认为，如果喂奶间隔经常在2小时以内，会破坏孩子的饮食习惯，甚至会引发睡眠障碍等问题。如果孩子一哭就给他（她）喝奶，可能会导致积食或是肥胖。所以一定要弄清楚孩子哭闹是否真是因为饿了，这就需要妈妈平时悉心观察了。

孩子只要能够吃饱就足够了。通常，孩子每天需要的奶量是120～150毫升/千克体重。

喂奶后要做的事情

消毒奶瓶 喂完奶后，要立刻用干净的水将奶瓶和奶嘴洗干净，每天至少要消毒一次。消毒的时候，必须将奶瓶在沸水中煮5～10分钟。但要特别注意，橡胶的奶嘴和奶瓶盖加热5分钟以上，会产生有害的物质。

处理剩下的奶 因为奶粉都经过了严格的消毒杀菌，所以只要没开封，就不必放到冰箱里保存。如果是已经开封使用了，就可能会出现细菌污染或变质的问题，因此，必须保存在干燥凉爽的环境里。如果是开封很久而没有使用，最好就不要用了。虽然奶粉是无菌的，但是在用水冲调以及混合的过程中，还是可能会受细菌污染。所以已经冲好的奶粉，必须要冷藏保存，并且在冰箱中只能储存1～2天。如果是孩子喝剩的奶，因为混合了孩子嘴里的唾液等物质，所以非常容易变质。因此，孩子喝剩的奶，哪怕还有很多，也必须全部倒掉，不能留到下次再喝。

Tips 喝完奶后怎样让孩子打嗝

当妈妈想方设法地让孩子打嗝，可孩子就是不打，而且看上去也没有什么不适的时候，可以把孩子放下。在让孩子打嗝的时候，不要特别用力地拍孩子后背，这样可能会引起孩子呕吐，最好用手从下向上进行摩挲。

1 把一块布铺在妈妈的肩膀上，让孩子趴在上面，然后在孩子两肩中间轻拍。

2 让孩子肚子朝下趴在妈妈的膝盖上，并把孩子的头侧向一边，轻轻地拍打孩子的后背。

3 用手掌托住孩子的胸部下方，让孩子身体倾斜，然后轻拍他（她）的后背。

4 当孩子趴在妈妈肩膀上或是坐在膝盖上时，从下向上轻轻摩挲孩子的背部。

喝奶的烦恼
问题与解答

Q 为什么宝宝经常喝着奶就睡着了？

A 对于新生儿来说，喝奶是件很耗费体力的事情，经常会喝着喝着就睡着了。这时候，妈妈要轻轻晃动孩子的身体，把孩子叫醒并让他（她）把奶喝完。挠挠孩子的脚掌或下巴，要么脱掉一件衣服，这样都可以把孩子叫醒。也可以在喝奶的过程中，给孩子换换尿布或是让他（她）打个嗝，转换一下心情，这样或许就不会那么容易睡着了。这样做的目的，是为了培养孩子每次都能把奶喝足的好习惯。

Q 宝宝连续4～5个小时不喝奶，怎么办？

A 因为新生儿每次食量很小，一般来说，过1～2个小时，最长不超过3个小时，就需要再次喝奶了。如果超过4个小时没有喝奶就直接睡着了，会影响孩子正常的营养摄取，这时候应该把孩子叫醒让他（她）喝奶。不过，随着孩子体重的增加，慢慢地就不必再把熟睡的孩子叫醒了。民间有这样的说法，“孩子多睡觉，长得快。”

Q 妈妈乳头皲裂怎么办？

A 新妈妈对于哺乳是陌生的，新生儿对于吃奶同样也是陌生的。这时候，经常会出现妈妈乳头皲裂的情况。从喂奶的姿势来看，喂奶的时候，必须要让孩子把乳头及整个乳晕全部含入口中，如果孩子只是叼住乳头，就很容易造成乳头皲裂。乳汁虽然是从乳头分泌出来，但却是积聚在乳晕里的。如果孩子只叼住乳头，不仅无法吃到奶，还很容易对乳头造成伤害。在喂奶时如果出现上述情况，就需要及时纠正喂奶的姿势。如果乳头上已经有裂伤，可以先用痛感较轻的一侧哺乳。另外，还可以去医院开一些孩子吞下去也不会影响健康的药膏，涂在乳头上。当情况比较严重时，例如出现乳头出血时，有些妈妈就会选择放弃母乳喂养。其实，只要没有发生炎症，还是可以继续哺乳的，不会有什么问题。

Q　妈妈怎样防止乳腺增生？

A　如果妈妈感觉奶胀但奶水却出不来，多半是因为乳腺增生所致。若不予治疗可能会引发乳腺炎，所以必须尽快把乳腺疏通。疏通乳腺最有效的方法就是在哺乳之前，先用热毛巾对乳房进行按摩。用两只手握住乳房，自下向上螺旋状按摩。另外，在喂奶的时候，可以先让孩子吃乳腺不通的一侧，孩子的吸吮也有助于疏通乳腺。

如果情况一直没有好转，就需要寻求专家的帮助了。医生会详细教授产妇正确的哺乳姿势和方法，以及怎样处理哺乳过程中出现的各种问题。

Q　孩子总是要奶吃，会得小儿肥胖症吗？

A　这个时期的孩子是根本不需要考虑减肥问题的。小儿肥胖，至少也是2岁以后才须担心的事情。认为孩子吃得多，也许只是大人单方面的看法而已。这个时期的孩子，想什么时候吃，就可以什么时候吃。特别是母乳喂养的孩子，不必受时间间隔的约束，完全以孩子的需要而定。

Q　为什么孩子每次吃奶粉的时候都哭？

A　如果孩子原来愿意吃奶粉，可现在却一吃就哭，那么很有可能是孩子口腔内出现了溃疡，或者是孩子开始抗拒这种奶粉的味道。如果孩子是从母乳转换到奶粉，可能会因为不适应而不肯吃奶。如果喂奶的时候，不小心让孩子吸进了空气，肚子里有气，就会引发腹部绞痛，孩子也会在吃奶的时候哭闹。这时候，最好能帮助孩子打个嗝，再暖一暖他（她）的肚子，症状很快就会减轻。如果不属于上述任何一种情况，那么就要检查一下宝宝是否感冒了，还要仔细检查一下奶瓶和奶嘴有没有问题。

孩子出生前要做的准备

孩子出生以后，常常会出现很多意料之外的情况，让新妈妈手足无措。但是，如果能提前做好充分的准备，到时候就不会手忙脚乱了。

准备1　宝宝的用品

如果没有在出生之前把宝宝的用品准备好，等到孩子出生后，就会突然发现缺这个少那个，出现这样的情况就比较麻烦了。下面罗列的都是宝宝出生时的一些必需用品，其他的用品，可以在需要的时候再购买。

新生儿用品

□婴儿服。

□小上衣3～4件。

□纱布手巾30条。

□尿布，多多益善。

□内衣4～5套。

□连体衣3～4件。

□寝具1套。

□外用包巾1条。

□内用包巾2条。

□枕头1个。

喂养用品

□奶瓶3～4个。

□保存奶水的器具。

□防溢乳垫1盒。

□安抚奶嘴1～2个。

□奶瓶清洗剂1瓶。

□奶瓶刷1个。

洗澡用品

□婴儿澡盆1个。

□棉棒1盒。

□浴液1瓶或香皂1块。

□湿巾1盒。

□体温计1个。

□指甲钳1把。

外出用品

□婴儿背带1个。

□婴儿包被1个。

□奶粉盒1个。

□袜子1双。

□保温瓶1个。

□尿布包1个。

准备2　产后调理

妈妈顺利度过产后调理阶段，既可以保持良好的身体状态，又能够有充足的精力照顾宝宝。所以，最好能提前做好产后调理的准备。

□确定产后调理的地点，例如月子医院等。

□学习坐浴的方法。

□了解产褥期应注意哪些事项。

□学习怎样防止“月子病”。

□准备好能够帮助下奶的产后食谱。

□了解产后调理时的皮肤护理方法。

准备3　新生儿护理方面

即使请了经验丰富的月嫂，或是直接住进月子医院，照顾新生儿也是妈妈必须亲力亲为的事情。做好下面的准备，相信一定会一切顺利的。

□学习怎样护理肚脐，并准备给肚脐消毒的用具。

□学习怎样进行母乳喂养。

□学习怎样给新生儿洗澡。

□加入一些互助小组。

□知道遇到突发状况时要去哪家医院。

□多阅读一些育儿书籍，对将来可能会出现的问题提前有所准备。

□和丈夫讨论有孩子后的家务分工。

□做好充分、足够的心理准备。

新生儿的护理

现在，你已经迈出了育儿道路上的第一步，下面就是要和宝宝一起度过每一天。

给孩子一个舒适的空间

对于新生儿来说，几乎一天24小时都要躺在床上。如果睡觉的地方不舒服，会直接影响到睡眠质量。想要营造一个舒适的空间，最重要的是要保持合适的温度和湿度。一般来说，温度保持在20～24℃，湿度在50%～60%是比较适宜的。因为孩子和大人的感觉会有所差异，所以最好还是使用温度计和湿度计，这样测量的温度和湿度比较准确。

新生儿一般都会睡在妈妈身边，因为要随时喂奶，这样比较方便，并且只有睡在妈妈身边，宝宝的情绪才会稳定。不过，最好要避开门口、窗边，也不要离墙太近。最近有研究表明，电磁波可能会损伤脑细胞，所以也不要让孩子离电视、电脑、手机等电子产品太近。灯的开关最好在妈妈伸手就能够到的地方，这样便于夜里照看孩子。要注意的是，卧室的灯光不要直接照射到孩子，最好是从脚下方照过来或者是灯光照向天花板。

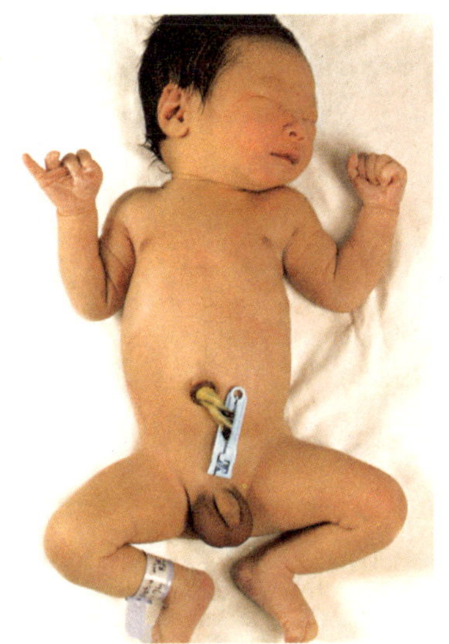

穿衣服

夏天，未满月的孩子，一般只穿一件能够盖住肚子的长上衣就可以了。如果是冬天，则要套上长裤或者直接穿连体服。因为孩子偶尔会吐奶，而且比较容易出汗，所以一般每天要换几次衣服。满月以后，孩子就可以穿前开襟的内衣了。

孩子的衣服不能选太厚的。因为孩子特别爱动，太厚的衣服会让他（她）活动不便，而且也会让孩子感觉太热。

给孩子换衣服的时候，最应注意的就是不要让孩子感觉到急剧的温度变化。先确定好室内的温度是否合适，然后迅速脱掉孩子的衣服，马上用毯子或毛巾把孩子裹起来。给孩子穿衣服是件麻烦的事情，孩子很容易就会不耐烦了，妈妈可以把手捂热后，给孩子按摩肚子来稳定他（她）的情绪。穿衣服的过程最好在孩子的身体裹着毯子的状态下进行。

换尿布

考虑到新生儿的皮肤比较娇嫩，使用尿布还是最好的选择。因为尿布不含有任何伤害婴儿皮肤的化学药品，煮过之后在阳光下晾晒，可以起到消毒杀菌的作用。不过，尿布也存在一个问题，就是清洗起来比较麻烦。每天可能要换十几次尿布。所以在未满月以前，使用纸尿裤也是个不错的办法。

给未满月的孩子购买纸尿裤时，无需选择太贵的产品。因为这个时期使用的量比较大，更换很频繁，一个月大概需要300个。完全可以使用产科医院提供的简易纸尿裤，一般在医院门口的药店都可以买到。

换尿布也不是件简单的事。如果换得不好，屎尿有可能会泄漏出来；如果包得不好，会妨碍到孩子腿的活动，甚至还会导致关节脱臼的情况发生，所以一定要特别小心。不过，孩子都很喜欢换尿布，把湿的尿布拿掉，把小屁股擦干，孩子会开心地踢腿。这时候，可以一边和孩子说话，一边抓住他（她）的两条腿，迅速换好新尿布。

换新尿布之前，通常要用湿纸巾把孩子的小屁股擦干净。但是湿纸巾中还是含有一些化学物质，如果孩子的皮肤比较敏感，可以用纱布手巾蘸着温水或者用浸了蒸馏水的棉花球进行擦拭。如果是男孩子，要从后向前擦，把小鸡鸡后面以及皱褶都要擦干净；如果是女孩，必须从前向后擦，这样可以防止细菌感染到尿道。把小屁股上的水分全部擦干以后，再换上新尿布，这样既会让孩子感觉到干爽舒适，又可以防止出现湿疹。

抱孩子

1个月以内的新生儿，由于脖子还不能支撑住头部，所以抱孩子的时候，要用一只胳膊托着孩子的头，另一只胳膊托住屁股。把躺着的孩子抱起来时，要尽量让孩子保持一个水平的状态。因为新生儿还无法直立，所以这个时期还不能用背带。孩子满月后，可以偶尔使用婴儿背带。

眼屎、指甲、耳垢、鼻屎

眼屎：新生儿会有很多眼屎　鼻泪管是眼睛内眶和鼻子的连接通道，非常狭窄。因为眼屎会堵塞眼泪管，所以最好能清除干净。如果妈妈直接用手指帮宝宝擦眼屎，很容易引起细菌感染，所以最好用消毒的脱脂棉或者纸巾，蘸着淡盐水，从眼睛中央向外擦。像按摩似地用手轻按眼睛的内眶，会刺激到泪腺，使眼泪流出来，眼屎也就很容易出来了。这时，如果孩子的头乱动，眼屎就会沾到其他地方，所以一定要用一只手固定住孩子的头。如果已经弄干净了眼屎，孩子还是一直眨眼，而且出现充血和红肿的现象，就有可能是细菌性结膜炎，必须去医院就诊。

指甲：新生儿会用手抓伤自己的脸　为了防止出现这种情况，可以给孩子戴上手套或是把孩子的手臂和身体绑在一起。不过，考虑到这样对孩子的四肢发育不利，最好的方法还是经常给他（她）剪指甲。给新生儿剪指甲的时候，要使用专门的婴儿指甲钳，以保证安全。剪指甲的时间，最好选择在孩子洗完澡睡觉的时候，这时的指甲比较柔软，剪起来会很容易。新生儿的指甲长得很快，一般3～4天就会长长，所以要仔细观察孩子的指甲，经常修剪。

耳垢：新生儿的小耳朵里也会有耳垢　耳垢是外耳道内腺体的分泌物，具有湿润耳内细毛和保护外耳道皮肤的作用。耳垢慢慢地会自行脱落并排出。如果强行掏出的话，反而会对孩子娇嫩的皮肤造成刺激，甚至引起炎症。如果感觉孩子的耳垢特别多，可以在定期体检时，请医生进行检查处置。

鼻屎：如果环境比较干燥，孩子很容易出现鼻屎，因为新生儿的鼻孔很小，所以会出现鼻塞的情况　孩子出现鼻塞，千万不要用棉棒去掏鼻屎，稍不小心就会引发炎症，甚至伤到鼻子。当发现有干鼻屎堵住孩子的鼻孔时，可以用浸透了生理盐水的棉棒从鼻孔轻轻伸进去并转动。让盐水进入鼻孔里把鼻屎浸湿，这样就可以把鼻屎弄出来，同时又不会刺激到鼻黏膜。现在有很多妈妈经常使用一种吸鼻器清理鼻腔，不推荐用在新生儿身上，因为使用吸鼻器时，很难准确调节压力，很容易伤到鼻黏膜。

给孩子洗澡

什么时间洗澡　医生建议，最好选择上午10点至下午2点温度比较适宜的时间给孩子洗澡。如果孩子夜里总是睡不安稳，也可以在睡觉之前洗澡。

Tips 怎样选择新生儿盖的被子

纯棉材质是根本 可以选择最近市场上出现的有机棉的寝具产品，也可以选择专门适用于敏感皮肤，有抗菌能力的功能性产品。

选择合适的厚度 孩子2个月以后，在睡觉的时候会经常出现踢被子的情况。如果是特别厚的被子，就更加盖不住了。所以，最好能选择一些又轻又薄的产品。

选择鲜艳的颜色 开始的时候，大家都会觉得浅色很漂亮。不过在买被子的时候，应该选择包含四种以上的颜色，而且相对比较鲜艳的。因为新生儿会经常出汗，而且还会吐奶，如果颜色过浅，会很容易脏。

洗澡水的温度 可以用胳膊肘试水温，一般在38～40℃比较合适。除了洗澡水的温度，浴室的温度也同样重要。如果洗澡水很热，从水里出来马上受到冷空气的刺激，很容易感冒。如果浴室的窗户进风，可以考虑转移到客厅给孩子洗澡。

洗澡前要准备什么 因为新生儿的皮肤非常柔嫩，所以最好先不要使用婴儿浴液和洗发水，只要用纱布手巾在温水中浸湿后轻轻擦洗，然后再用干毛巾擦干就可以了。

洗多长时间合适 一般不要超过5分钟。其实，洗澡是一件很容易让孩子感到疲劳的事情。

有什么注意事项 不要在喂完奶之后马上给孩子洗澡，这样很容易导致吐奶，而且孩子刚吃完奶，胃肠正在蠕动，很可能会把大小便排泄到洗澡水里。另外，孩子的皮肤非常柔嫩，千万不要用力搓，如果要使用香皂，一定要确认是否已经冲洗干净。

脐带没有脱落的时候怎么洗澡 在脐带没有脱落之前，可以先对其他部位进行洗浴。如果进行全身洗浴的话，细菌有可能会侵入肚脐。可以用浸湿的纱布手巾擦拭身体的各个部位。不过，在擦肚子周围的时候要特别小心，不要让肚脐沾到水。

洗澡以后要做什么 洗澡之后，最好为宝宝涂抹一些婴儿油，以达到保湿的效果。特别是皮肤比较敏感的孩子，洗澡之后先不要擦干水分，而是直接涂抹一些保湿制剂。那些用于预防婴儿湿疹的宝宝药粉，很多儿科医生并不推荐使用，因为它会阻碍皮肤的正常呼吸，反而会使湿疹恶化。洗澡以后，一定要把孩子的脖子擦干。另外洗澡可能会让孩子感到饥饿，要先做好喂奶的准备。

呼吸新鲜空气与日光浴

孩子出生3~4周后，应该每天让他（她）感受一下户外的空气。可以选择一个阳光充分照射到室内的时间，但尽量避开上午11点到下午3点之间，因为这时候的紫外线比较强。打开窗户让孩子能够呼吸到新鲜的空气。孩子的皮肤裸露在空气里，受到刺激会加速血管的收缩。另外，还可以锻炼支气管和肺的黏膜，增强孩子对感冒的抵抗力。

孩子的体重达到4.5千克以后，就可以让皮肤直接裸露在阳光下，进行日光浴了。阳光照射可以提供孩子生长所必需的维生素D。在进行日光浴的时候，最应该注意的就是要循序渐进。第一天可以只让阳光晒到腿，第二天再到腰，然后翻身晒晒后背……按照这种方式，逐渐扩大区域。在时间方面，每个部分大约5分钟就可以了。整个日光浴的时间最好不要超过20分钟。虽然从表面上看孩子的皮肤很好，但其实还是很脆弱的，如果阳光照射过多的话，宝宝会出现皮肤泛红的情况。本来是想让孩子更健康，但如果做得过度了，反而会起到反作用。所以，妈妈一定要特别留意宝宝日光浴的时间。

让爸爸一起照顾孩子

女人的母性意识并不是从生下孩子那一刻才开始的，同样，父性也不是突然降临的。当爸爸第一次把孩子抱在怀里时，相信他既充满了喜悦，又有些不知所措。所以，很多爸爸都是到孩子长大以后，才会思考自己该做些什么。其实，要想成为一名合格的爸爸，从孩子很小的时候，就要参与其中了。有很多研究结果证明，爸爸的积极参与，对于孩子的头脑和性格发育都会产生重大的影响。

要想打造一名称职的爸爸，妈妈的努力是必不可少的。让爸爸负担一些简单的工作，比如冲奶粉、每天抱孩子5分钟、哄孩子睡觉、给孩子换衣服等。就算爸爸做得还不是那么好，也一定要多多鼓励，这样才会让爸爸更加有信心和动力。当孩子慢慢长大，曾经照顾过孩子点点滴滴的爸爸，一定能够感受到孩子成长的无限喜悦。

新生儿在医院接受的检查

注射维生素K

新生儿普遍会存在维生素K缺乏的情况。维生素K起着促进血液凝固的重要作用，也有助于预防婴儿脑出血。通常来说，医生会在婴儿出生后立刻通过肌肉注射维生素K。

乙型肝炎疫苗

在韩国，有4%～12.3%的成年人和2.8%～5.5%的幼儿是乙型肝炎病毒的携带者（译注：我国大城市5岁以下乙型肝炎病毒携带率小于1%，成人6%～12%），目前这一比例有所增加。为了有效地预防乙型肝炎，通常会为所有的新生儿注射乙型肝炎疫苗。不过，如果产妇已经是乙型肝炎的病毒携带者，那么孩子患上乙型肝炎的危险性就会增加。所以，此时新生儿只接种疫苗还是不够的，还须要同时注射乙型肝炎免疫球蛋白。

先天性代谢异常检查

所谓先天性代谢异常，指的是从出生开始，由于遗传因子异常造成的特定酶缺乏，导致需要代谢的物质无法代谢而积聚在身体里，形成一种毒性。如果发现得早，是可以进行预防和治疗的，但是如果发现得晚，大脑已经出现障碍，孩子不仅会出现严重的精神迟滞，还会引起肝脏和肾脏功能的异常。所以，早期发现与治疗是至关重要的。先天性代谢异常的检查在很多国家都是免费的，不过，目前并不是所有医院都提供这种免费检查，父母一定要确认清楚。检查项目包括五项，分别是甲状腺功能不全、苯丙酮尿症、高胱氨尿酸症、枫糖尿症、半乳糖血症（译注：中国目前以筛查苯丙酮尿症和先天性甲状腺功能减低症为主，个别城市还开展半乳糖血症、组氨酸血症、先天性肾上腺皮质增生症及G-6PD的筛查）。一般是在产后3～7天，抽取婴儿的足跟血进行检查。不过，因为现在有些医院还无法做这项检查，所以最好能提前确认清楚，千万不要遗漏了这项重要的检查。

新生儿疾病

新生儿时期，对孩子的任何一点小病都要认真对待。哪怕只是最普通的感冒，如果处理不当的话，都可能会引起更大的问题。新生儿时期，孩子的生理和免疫功能都还不成熟，下面罗列的就是这一时期可能会遇到的疾病。

头颅血肿和产瘤：头皮血液瘀积或突起红肿

宝宝出生的时候，由于头盆不称或产钳助产使头部受到过度压迫，会出现头颅血肿或皮下水肿（产瘤）。有时妈妈虽然分娩很顺利，但宝宝的头部还是会出现一些红肿的情况。不过，这些红肿一般都会随着时间的推移而逐渐消失。如果血肿比较大，则需由儿科医生决定是否采取穿刺抽血。

黄疸：生理性黄疸一般会在产后10天左右消失

胆红素是血液代谢过程中产生的一种物质。刚刚出生的新生儿，肝脏还处于没有发育成熟的状态，无法完全清除掉胆红素，因此就会出现黄疸。大部分新生儿黄疸会在出生后10～14天自然消失。不过，如果黄疸持续时间比较长，而且情况越来越严重，就须要接受专业的治疗了。用阳光对孩子皮肤进行照射，对治疗黄疸会有所帮助。如果黄疸严重的话，就必须到医院进行专门的蓝光照射治疗。如果黄疸特别严重或有溶血现象，就必须采取换血疗法。通常，生理性黄疸会在产后2～3天出现，而病理性黄疸在产后第一天就出现，而且越来越严重，并持续很长时间。母乳喂养的孩子也会出现黄疸情况，叫做母乳性黄疸。这时候，可以停止母乳喂养，或者将母乳用吸奶器吸出，恒温水浴锅内60℃加热10～15分钟，取出后喂即可。但如果确认是母乳性黄疸，无须完全停止母乳喂养。一些母乳喂养专家认为，即使出现母乳性黄疸，也可以继续母乳喂养。

胆道梗阻：初期诊断是生存关键

这种病通常是在出生两周左右发生新生儿黄疸，黄疸转化为肝硬化。这种病几乎是导致新生儿死亡的第一杀手，目前发病原因不明，完全治愈的希望很渺茫。到目前为止，要彻底治愈只能进行肝移植。

发现此病后尽早手术是非常重要的生存条件。因此，初期诊断就变得非常关键。如果婴儿黄疸（生理性）持续两周没有消退，就要怀疑是否为胆道梗阻，并立刻去医院接受专业检查。

呕吐：最简单的预防方法是让孩子打嗝

新生儿呕吐，大部分是因为食道或胃里的内容物向上返流造成的。因为宝宝食道下端的肌肉还不发达，所以就会经常出现呕吐的情况。如果孩子吃完奶以后，立刻让他（她）躺下，这会导致连接胃部和食道的部位被挤压，积聚在这里的奶水很容易吐出来。因此，如果要躺应该让孩子向右侧躺，这样孩子很容易打嗝，也就不会再吐了。另外，吃奶粉的孩子在吃奶的同时会吸进很多空气，更容易出现这种情况。吃完奶没有让孩子打嗝是导致这种情况发生的一个主要原因。打嗝可以帮助孩子减轻胃的负担，所以，孩子吃完奶打个嗝是很重要的。

鹅口疮：念珠菌是元凶

新生儿的舌头上有时会出现一些白斑。最常见的可能是奶斑，这不能算是病，只需用消过毒的纱布手巾轻轻擦拭就可以去掉了。不过，如果是鹅口疮，则是由于白色念珠菌感染的缘故。鹅口疮是擦不掉的，如果一直擦还有可能造成出血。这样，不仅会让孩子没法吃奶，还可能会引起发热。所以，当发现孩子的舌头或颊黏膜变白时，不要立刻用纱布擦，必须先到医院确认是否得了鹅口疮。如果真的是鹅口疮，孩子的肛门附近也会变白。

新生儿之所以会得鹅口疮，是由于免疫力低下，发生了白色念珠菌感染。通常用药2～3天后，情况就会得到改善。鹅口疮是新生儿期间的一种常见病，多发于一些免疫力低下的孩子。

新生儿眼炎：不要经常用手揉眼睛

新生儿出现很多眼屎，有可能是因为细菌感染引起了角膜炎。不过，更大的可能是因为眼内分泌物附着在眼角上。因为造成这种情况的原因不是炎症，而是鼻泪管不通。所以可以经常用手按摩孩子的眼睛和鼻子之间的部位，会有所帮助。如果按摩2周未见明显好转，眼屎始终很多或者眼睛充血，就要去看医生了。

角膜出血：2～3个月后就会消失

有些新生儿黑眼球周围会围绕着一些红血丝，2～3个月后才差不多完全消失。之所以会出现这样的红血丝，是因为孩子在出生的时候，经过产道时受到挤压，眼眶周围充血造成的。不过，这种充血不会持续很长时间，而且也不会留下什么痕迹，所以不必进行特殊的治疗。

扁平足：立刻用夹板固定

新生儿出现轻微的扁平足是一种很常见的情况，这是因为孩子的脚在子宫里受到了机械性压迫。当双脚平站的时候，足弓仍然塌陷，这种扁平足就属于比较严重的脚部畸形了。如果孩子刚出生就发现了这种情况，要立刻使用夹板或者石膏对孩子的双脚进行固定。否则过不了几天，脚掌就会完全塌陷。

髋关节脱臼：及时检查髋关节是否有异常

在产后3～5天内，要对新生儿进行筛查，包括Barlow试验和有Ortolani试验。Barlow试验是抓住孩子的大腿向外展开，检查是否存在异常部位。Ortolani试验是把膝关节和髋关节弯曲呈90°，用手感觉脱臼部位，倾听关节之间的异常摩擦。通过这些方式可以检查出髋关节是否正常。不过，也会出现刚出生时没有察觉髋关节异常，在以后的检查中又被发现的情况。

斜颈：脸部不对称

有些新生儿的脖子会略有倾斜，这在医学上叫做“斜颈”。造成斜颈的原因有很多种，可能是骨骼异常，也可能是神经异常、肌肉异常以及眼部异常等，最常见的情况应该是肌肉性斜颈。肌肉性斜颈是先天性的，婴儿离开妈妈子宫的过程中，脖子的肌肉发生损伤，在愈合的过程中肌肉纤维化，就出现了这种情况。也就是说，在孩子出生的时候，脖子的肌肉就没有了收缩能力。虽然斜颈是出生之前发生的，但是在孩子刚刚出生的时候却不易被察觉。通常到了大约两周以后，由于肌肉收缩，孩子总是看向一边，用手去摸会感觉到脖子上有一块好像石头一样的硬块。除了脖子异常外，还有一个最主要的症状：脸部不对称。肌肉萎缩的那一侧的骨骼、眼睛、鼻子、嘴发育得都会比较小。脖子上的硬块会随着时间的推移越来越小，但脸部的不对称却越来越明显。目前治疗的原则是通过运动来让两颊的骨骼和肌肉同时发育。如果每天都能接受几次物理治疗，基本可以保持肌肉和骨骼均衡发育。这时候，应该尽量让孩子侧卧睡觉。为了让物理治疗更容易，可以在孩子两岁左右的时候，通过手术切除萎缩的肌肉。不过，物理治疗还是不可或缺的，如果手术后不进行物理治疗，那么可能还会再次复发。

幽门狭窄：因无法消化而吐奶

不知道什么原因，出生15天左右的孩子突然把吃掉的东西都吐出来，而且呕吐物会喷到嘴和鼻子两边。这时，就要怀疑孩子是否存在幽门狭窄。如果吐出来的奶是白色，说明没有混入胆汁，而且孩子还继续想要吃东西。开始的时候一天吐几次，然后每次吃的时候都吐，体重下降，大便减少，出现便秘，小便也随之减少。

这是因为幽门（胃和十二指肠之间的开口）肿大，阻塞了食物通过的通道，食物无法从胃进到肠道里，导致吃下的食物无法消化吸收。必须通过手术把幽门肌肉变薄。这个手术时间不长，而且很安全，所以手术治疗应该是最好的选择。有些孩子即使不接受手术也会自行痊愈，不过，孩子却会在最需要营养的时期出现营养不良的情况，并有可能影响孩子的生长发育。

先天性巨结肠症：肠子变长变大

如果肠壁内先天缺失某种神经节细胞，肠道就无法蠕动，大便也就无法通过肠道，从而引起便秘和肠道闭塞。有的宝宝部分肠段没有神经节细胞，只能是让具有神经节细胞的其他肠段努力工作，从而造成肠子变长变大，这就是所谓的先天性巨结肠症。变大的肠子里很容易繁殖异常细菌，引起大肠炎，大肠炎严重的话，甚至会危及生命。如果新生儿出生后24小时内没有排出胎便或者持续便秘，而且孩子的体重也没有增加，就须要引起父母的注意了。去医院拍一个片子，就可以确定是否有问题。如果确诊孩子患有先天性巨结肠症，就要立刻应用人工肛门，并且在孩子出生3～6个月尽快进行根治性的矫正手术。

新生儿脐肉芽肿：肚脐变得肥肿

新生儿脐肉芽肿的表现是肚脐肿胀或者化脓。脐带完全干后仍然附着在肚脐上或者是脐带脱落后，附着脐带的部位出现红肿，严重的话还会造成出血。如果出现二次细菌感染，不仅会引起炎症，甚至会出现败血症。当然，出现败血症是比较少见的。为了预防这种情况，好好呵护宝宝的肚脐是非常重要的。每天至少洗澡一次，洗澡后要对肚脐进行消毒。给肚脐消毒的时候，最好到药店购买肚脐消毒的专用酒精或者碘消毒溶液。消毒之后，如果把肚脐包起来可能会使炎症加重，所以最好是让它露出来自然风干。

万一真的出现了脐肉芽肿，只需进行一个简单的手术就可以了，不必去大医院，一般的正规医院都可以做这个手术。

关于1个月以内婴儿的问题与解答

Q 孩子的乳头分泌乳汁，这样正常吗？

A 孩子出生后的几天时间里，因为妈妈体内的雌激素留在孩子的身体里，所以有时会从孩子的乳头分泌出少量乳汁。如果这时候用力去挤，很可能会引起感染，所以不必刻意去管它。有个别孩子这种情况会持续几个月，不过慢慢就会恢复正常。虽然民间有这样的说法：如果不去挤，会造成孩子出现乳头凹陷，特别是女孩子，影响会更大。但是，如果挤得不好反而会引发炎症，甚至是使乳头凹陷或者是两边乳房发育不一样，因此，最好不要管它。如果是女孩子，由于妈妈的雌激素刺激了孩子的子宫内膜，出生后妈妈雌激素的影响中断，可能会出现类似于月经的阴道微量出血，这都是正常现象，不必担心。

Q 孩子吃完奶后不停地打嗝，怎么办？

A 在刚出生后的几个月里，有很多孩子会在吃完奶后不停地打嗝。这是因为孩子的神经系统还没有发育成熟，吃完奶后胃部膨胀，就会出现这种情况。如果打嗝在几分钟内停止，就可以不用担心。如果打嗝很严重，可以用杯子或勺子喂孩子喝一点热水；如果正在喂奶，最好马上停止或者让孩子哭几声，这也可以让打嗝停止。随着月龄的增加，出现这种情况的次数会越来越少。

Q 孩子吃奶的时候，嗓子里发出“呼噜噜”的痰声，怎么办？

A 新生儿吃奶的时候，嗓子里会发出“呼噜呼噜”的声音，甚至感觉呼吸也很困难，这是因为新生儿还不具备成熟的吞咽能力。孩子还没有足够的能力吞咽下支气管中产生的分泌物，在吃奶的时候必须要用鼻子呼吸，所以会感觉有些呼吸困难。另外，因为孩子的鼻孔很小，很容易被堵塞，所以鼻子里也会经常发出声音，尤其是在吃奶的时候，感觉呼吸更加困难。不过这并不是病，随着时间的推移，孩子吃奶时的声音就会变小，也不再那么吃力了。如果“呼噜呼噜”的声音越来越严重，而且嘴唇发紫、呼吸困难，就要考虑宝宝是否患有毛细支气管炎、先天性心脏病、肺炎等问题。不过，可以先检查一下奶嘴上的孔是不是太大，换一个小孔的奶嘴或许能有所改善。

Q　孩子睡觉的时候发出呻吟声，好像在使劲儿的样子，这样正常吗？

A　新生儿的神经系统还不成熟，还不知道用力的方法。所以，伸懒腰的时候，大便的时候，吃奶的时候，甚至是睡觉的时候都会特别用力，造成脸色涨紫，呼吸急促。不过，随着月龄的增加，这种情况会逐渐减少，父母只需要好好照顾孩子就可以了。如果孩子出现发烧或者不肯吃奶，同时伴随着呻吟，可能就不是正常情况了，最好尽快去医院就医。

Q　孩子的瞳孔集中，这是正常现象吗？

A　一般来说，新生儿要到6个月以后才会把焦点集中到眼前的物体上。因此，在这之前，就会出现瞳孔向内侧集中的情况。特别是东方人，一般鼻子都比较塌，眼睛比较小，这个时期的孩子瞳孔会向中间集中，感觉好像是斜视一样，医生把这种情况叫做假性斜视。随着月龄的增加，会慢慢看到孩子的眼白，斜视现象也会逐渐消失。

不过，如果过了9个月以后还持续出现这种状况，就要怀疑是否有真正的斜视了。如果孩子经常眨眼，看远处或是看电视的时候，眼睛微眯或者经常歪着头，无法注视某个固定的地方，眼球发抖，就须要去医院做正规检查。就算被诊断为是斜视，除了一些特殊情况，只要及早进行手术，是很容易治愈的。

Q　可以侧着喂奶吗？

A　有些妈妈为了让孩子的后脑勺长得漂亮，会让孩子侧躺着喂奶。不过，这个时期孩子脖子的支撑能力还不够，所以不建议妈妈们这样做，而且采用这种姿势喂奶还可能出现被子把孩子鼻子盖住，导致孩子窒息的情况。因此，在孩子会翻身之前不能直接让他（她）躺着吃奶。从孩子满月开始，只要是孩子醒着玩耍的时候，妈妈都要在旁边认真看护，帮助孩子翻身，这样可以很好地帮助孩子发展运动能力。翻身抬头的动作可以有效地促进胸、背、胳膊和肚子的肌肉发育。

Q　拍照时开闪光灯会伤害到孩子吗?

A　用照片记录下新生儿的样子是所有父母的愿望。不过，在室内拍照的时候，因为光线不够，经常要使用闪光灯。但是闪光会在孩子毫无防备的情况下刺激眼睛，因为孩子的视网膜还没有发育成熟，遇到强光会让孩子感到非常不适。严重的话，甚至会伤害到视网膜。所以，在室内给孩子拍照的时候，一定不要让闪光灯直接照到孩子，可以转向天花板或者墙壁，让孩子只感受到间接光线，就没有问题了。

Q　宝宝受到惊吓了怎么办?

A　新生儿在睡觉的时候，有时会出现好像受到惊吓似的全身颤抖。这是因为宝宝在狭窄的子宫里蜷缩着身体达10个月之久，突然到了一个广阔的空间后四肢下意识地动作，会把自己吓一跳。这时候，可以用包被把孩子（连同胳膊）裹起来。随着孩子对自己的动作越来越熟悉，这种包裹也可以越来越松了。

Q　为什么宝宝夜里会受到惊吓而哭闹?

A　孩子出生3周以后，有些孩子会在傍晚或者夜里突然哭闹。没有什么特别的原因，却怎么哄也哄不好，那么很有可能是婴儿产痛。婴儿产痛的原因，目前还不太明确。通常来说，人工喂养的孩子以及父母都比较敏感的孩子，出现这种情况的比较多。有人认为，这是因为牛奶中的蛋白质引起消化不良而出现的婴儿产痛。孩子因为婴儿产痛而哭闹的时候，会握紧双拳，张开两臂，抬高两腿到肚子上，或者两腿弯曲，肚子用力，脸色通红，可以哭上几分钟，甚至几个小时。在一天中的任何时候都有可能发生婴儿产痛的情况，不过通常会出现在晚上6~9点之间。出现婴儿产痛的孩子，肚子会比正常孩子更鼓，好像充满了气体，而且经常放屁，容易出现湿疹、过敏性皮炎等过敏性疾病。治疗婴儿产痛没有什么特别有效的方法。一般孩子过了百天以后，就会自然消失了。作为妈妈，只能是尽量为孩子营造一个舒适的环境，并且悉心照料。把嘴凑到孩子耳边发出“嘘嘘”的声音，轻轻按摩孩子的肚子或者是把孩子抱起来，轻轻摇晃，这些方法都会有所帮助。不过，当孩子哭闹的时候，不要无条件地给孩子吃奶，这样会使疼痛更加严重，而且还会养成不良的喂奶习惯。

Part 02

满月后的孩子，一切都好吗

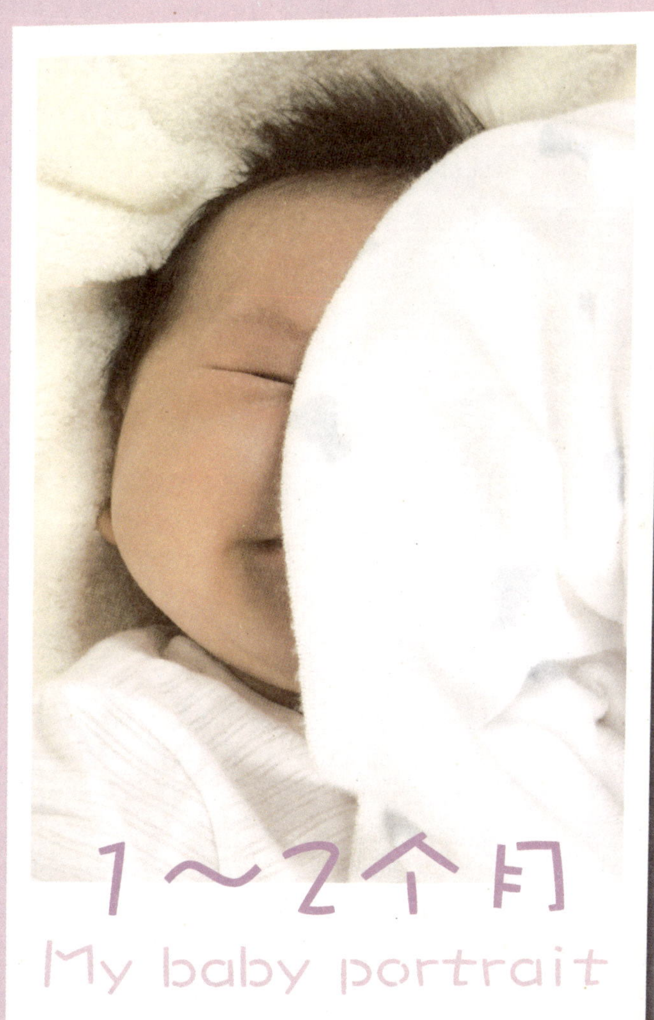

宝宝终于悄悄地睁开眼睛，看看这个世界和身边的妈妈，在宝宝的眼里一切都是那么新鲜美好。可是妈妈每天的工作却不仅仅是给孩子喂奶和哄宝宝睡觉，不安和忐忑的心情会随着各种琐事而增加，让她身心疲惫。现在的宝宝已经可以注视着妈妈的眼睛，高兴的时候会笑，想要什么东西的时候知道用大声哭来达到目的。宝宝醒着的时间越来越多，对身边的一切都充满着好奇。看着自己的宝宝一天天变得白白胖胖起来，恐怕世上再也没有比这更让妈妈开心的事情了。让自己的宝宝成为最美丽、最优秀的孩子这一愿望也在妈妈心里一天天膨胀。

宝宝发育正常吗

这是每个妈妈都关心的问题，参照下表（表2.1和表2.2）看看宝宝的发育情况如何，是否保持出生时的百分位数。

表2.1　满1个月时男婴的身体数据

指标	1个月时百分位数						
	3	10	25	50	75	90	97
体重（千克）	3.40	3.80	4.13	4.59	5.00	5.33	5.68
身高（厘米）	50.0	51.9	53.5	55.2	57.0	58.5	59.9
头围（厘米）	34.5	35.5	36.5	37.3	38.2	39.0	40.0
胸围（厘米）	32.4	33.9	35.1	36.8	38.2	39.5	40.8

表2.2　满1个月时女婴的身体数据

指标	1个月时百分位数						
	3	10	25	50	75	90	97
体重（千克）	3.28	3.56	3.99	4.33	4.74	5.14	5.54
身高（厘米）	49.0	51.0	52.5	54.2	55.9	57.3	59.1
头围（厘米）	33.5	34.9	35.7	36.5	37.5	38.3	39.2
胸围（厘米）	32.0	33.3	34.5	36.0	37.7	39.0	40.5

注视妈妈的眼睛，交流爱的眼神

出生后1～2个月，应该实现成功的母乳喂养以及养成孩子良好的睡眠习惯。这个时期还有一个明显的现象，那就是孩子醒着的时间越来越长，与妈妈的交流也越来越多。

这个时期孩子身上的变化

视力和听力的发育 满月以后，宝宝开始对周围的各种刺激作出反应。听到较大的声音时，会从睡梦中醒来或者发出哭声。把手指放到他（她）的眼前晃动，宝宝的视线也会随着转移。这个时期，孩子的视力已经可以清楚地看到眼前15厘米距离的物体晃动。

在孩子醒着的时候，让他（她）趴过来，孩子可以把头抬起瞬间。

这段时间是孩子头型形成的重要时期，所以可以经常让孩子侧卧睡，并经常变换左右侧，这样可以睡出一个很漂亮的头型。

具有一定的睡眠规律　度过了整天睡觉的新生儿时期，宝宝逐渐开始了晚上睡得多、白天睡得少的生活。有些孩子甚至已经可以在夜里连续睡5个小时不醒。此时，睡眠环境可以在很大程度上影响孩子夜间的睡眠情况。

发育快的孩子已经可以抬起头了　在新生儿时期，如果让孩子肚皮朝下趴着，他（她）的鼻子会碰到床，不过也有少数孩子可以短暂地抬起头，而现在这种抬头则可以持续4～5秒，抬头的角度大约在45°。发育快的宝宝在这一时期已经可以随意转头了。

可以用力踢腿　这时候的宝宝已经开始讨厌被绑成个“小粽子”。即使躺着的时候，宝宝也会踢动双腿，如果眼前有东西，他（她）更是会尝试伸手去抓。

看到妈妈笑，会跟着一起笑　出生后6周左右的孩子已经开始会发出笑声了。这不是认出爸爸妈妈时发出的笑，而是神经和肌肉进一步发育的结果，脸部肌肉活动，使得样子看上去像是在笑。不过，如果这时候妈妈经常露出灿烂的笑容，孩子也会逐渐在妈妈笑的时候作出笑的回应。

注视妈妈的眼睛　妈妈从正面看躺着的宝宝时，会发现他（她）正在注视着你的眼睛，似乎很懂事的样子。对孩子来说，与妈妈的眼神交流是一个非常重要的发育过程。有自闭症的孩子是不会有这种注视的。

体重快速增加　孩子醒着的时间越来越长，而这段时间大部分都在吃奶中度过。吃奶量越来越大，体重自然也增长得很快。这个时期，孩子的体重每天增加30～40克，如果每天的体重增加量低于20克，就要考虑是否出现了营养不良。

反射行为逐渐消失　随着脑和神经系统的发育，新生儿时期出现的一些本能反射行为逐渐消失。这一时期，宝宝握紧的小拳头逐渐张开，向里边弯曲的双腿也逐渐打开了。

开始吃手　宝宝开始会把手放进嘴里吸吮。因为这个时期孩子的运动神经还不发达，所以不能把手指分开，常常会把整个拳头塞进嘴里吮。为了充分满足这种吸吮本能，在这个时期为孩子准备一个安抚奶嘴，是必不可少的。

这个时期必须要完成的育儿作业

给孩子营造一个可以区分白天与黑夜的环境 孩子正在逐渐养成“白天醒，夜里睡”的生活习惯。所以，在孩子白天醒着的时候，要多和他（她）一起玩，而到了晚上，要调暗灯光，并逐渐减少夜间喂奶的次数。如果已经很晚了，孩子还不肯睡，可以给他（她）洗个澡，这样可以帮助睡眠。

床头挂一个摇铃 黑白色脸形摇铃，通常是宝宝的最爱。晃动的时候会发出声音的摇铃，可以同时促进宝宝视觉和听觉的发育。摇铃悬挂的位置应该在宝宝头部上方30厘米左右，并且经常更换不同的款式。除了脸形摇铃，宝宝大多会喜欢图形简洁的摇铃。

满月后接受定期检查 满月后，孩子会迎来和妈妈的第一次外出。孩子满月后的第一件事就是免疫接种。另外，经过一个月的成长，孩子的身高和体重都有了一定变化，也要进行一次详细的检查。这是可以和专科医生就育儿问题进行咨询和交流的宝贵机会，所以妈妈可以事先把一些问题记录下来。

给宝宝穿轻软、便于活动的衣服 刚换完尿布或是刚吃完奶的时候，宝宝的心情通常都不错，会努力地运动四肢。这时候，如果给宝宝厚厚地穿好几层衣服或是把宝宝绑成个“小粽子”，活动起来就会非常不方便。只要不是特别冷，完全可以只给宝宝穿内衣或者是方便活动的连体服。另外，在换尿布的时候，也可以停顿那么一会儿，让宝宝享受一下没有束缚，可以自由活动的快乐。

关注孩子的头型 这个时期，孩子的头还处于比较柔软

Tips 第一次外出

孩子满月以后，因为要接受定期检查，所以也就迎来了第一次外出的机会。那么外出之前，要做些什么准备呢？

事先换好尿布 这样可以防止在路上，孩子因为尿布湿了而哭闹。

事先喂好奶 要知道，孩子随时都会饿的。

检查好背包 里面至少要放上3条纸尿裤、2条纱布手巾、湿纸巾、奶瓶（可以随时喂奶）、安抚奶嘴、围嘴儿、干净的衣服及钱包等。

给孩子穿方便活动的衣服 漂亮是次要的。

准备好新生儿用的提篮或者是背带。最安全的方式应该是把孩子放在提篮里，此外背带也是不错的选择。

的阶段，正在逐步形成一种最佳的形态。如果只让孩子侧躺或者仰卧，头的某一侧就会被睡扁，因此最好能经常变换一下宝宝睡觉的姿势。两个月以后，孩子的头型基本就可以固定下来了。因此要想让孩子拥有一个漂亮的头型，在这个时期一定要特别注意。

醒着的时候，让孩子趴着 孩子趴着的时候，有一些瞬间可以把头抬起来，这不仅会让孩子的心情愉快，而且能帮助他（她）提高运动能力。孩子在趴着的时候会努力向上看，这对后背、腹、胸、胳膊等部位的肌肉发育，也会大有帮助。

确定好喂奶节奏 孩子长大了一些，每天的吃奶量会有所增加，喂奶的间隔也会逐渐固定下来。通常每天喂奶6～7次为宜，白天间隔3～4小时，夜里则可以间隔4～5小时。这个时期需要的热量是130千卡/千克体重，每天所需水分（包括奶）是130～200毫升/千克体重。喂奶时间一般在30分钟以内，最好不要超过30分钟。最好每次多喂一些，这样就可以保证足够的间隔时间了。

这个时期最好的玩具就是摇铃

1~2个月孩子的游戏计划

这个时期的孩子都会喜欢注视着晃动的摇铃，同时也喜欢倾听摇铃发出的清脆声音。这时，可以通过各种视力和听力的游戏来刺激孩子的感觉发育，同时还要多和孩子说话。

用毛巾遮住孩子的一半脸 这个游戏可以提高孩子的运动能力。让孩子躺在床上用毛巾盖住他（她）的半个脸，让他（她）只能看到一边。孩子为了避开毛巾会左右转头，这样可以培养孩子按照自己意图活动的能力。发育快的孩子，甚至可以抓住毛巾，把它拉开。

在孩子耳边晃动摇铃 这个时期是听觉发育的阶段，最好能让孩子听到各种声音。不过，因为此时的孩子还听不到远处发出的声音，所以可以在他（她）的耳边晃动摇铃。晃摇铃的时候，还可以摇出不同的节奏。轻轻摇和用力摇的时候，孩子的反应也是不一样的。

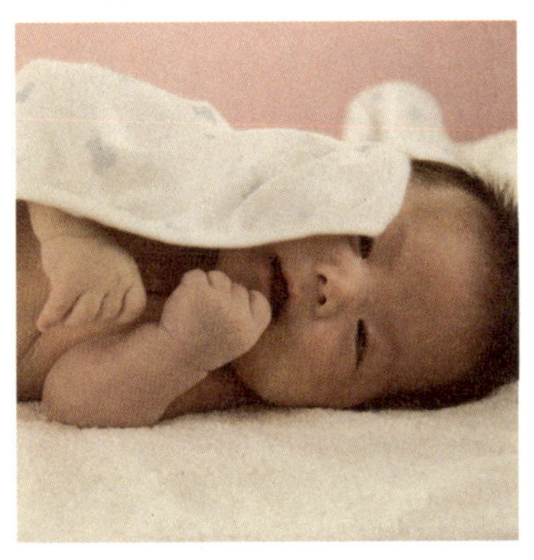

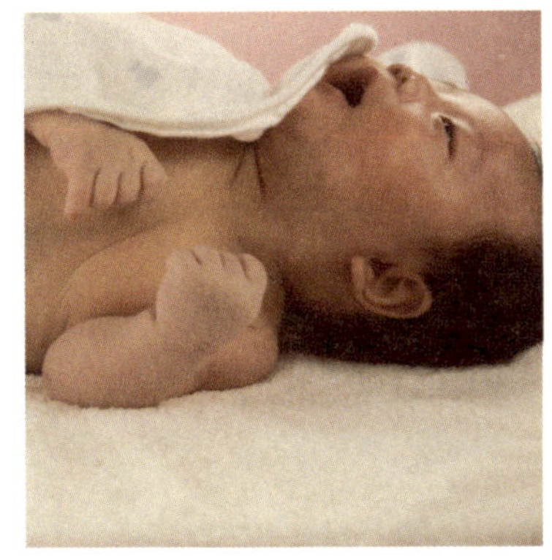

根据孩子的动作跟他（她）说话 出生后6~8周的时候，孩子会发出“咕唔”的声音。这时候，妈妈可以作出同样的反应，也发出“咕唔”的声音。这个游戏可以促进孩子的语言发育。

让孩子听音乐 把孩子抱在怀里，根据音乐节奏慢慢晃动。大多数孩子在听到类似催眠曲等比较安静的音乐时，都会保持平静。可以让孩子听各种各样的音乐，歌谣、童谣、古典音乐、民乐等等。这不仅可以促进孩子的听觉发育，还有刺激大脑发育的效果。

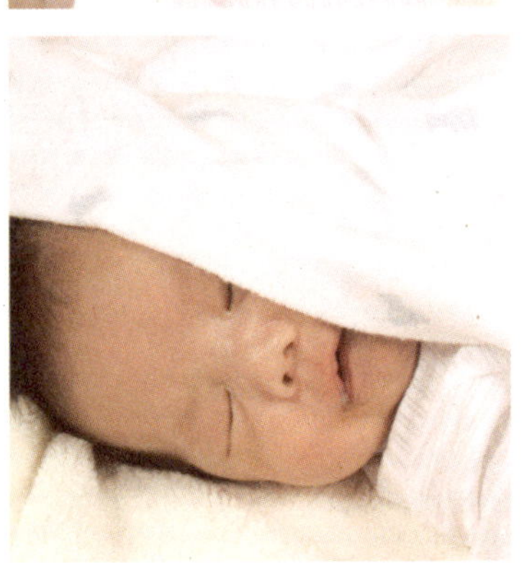

让孩子看自己的手　这个时期的孩子，还无法区分自己和外面的世界，也就是说，他（她）还弄不清楚自己身体的另一端在哪里，对周围世界的影像也还不能确立，无法系统地认识事物。这时候，可以让孩子躺在床上，然后让他（她）看自己的手。通过这种活动，可以让他（她）客观地看到自己的身体，培养一定的空间概念。

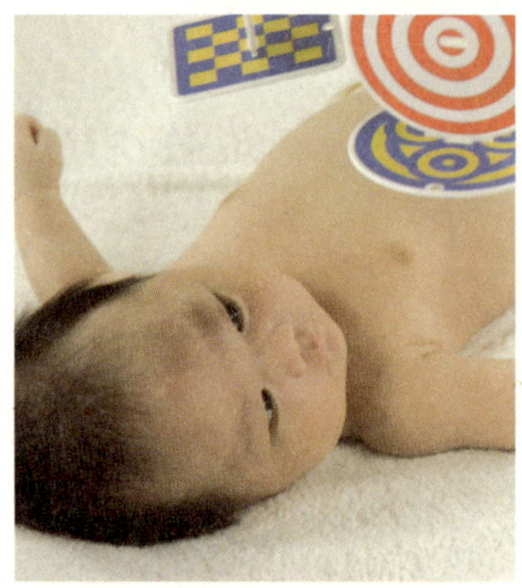

摇铃是最好的玩具　孩子出生后1个月左右，可以凝视一个物体了。一般看到的第一个玩具都是摇铃。特别是会发出声音的黑白摇铃，孩子会特别喜欢。这个时期的孩子还无法区分颜色，颜色对比强烈和形态比较简单的黑白摇铃，可以聚集眼睛的焦点，促进孩子的视觉发育。

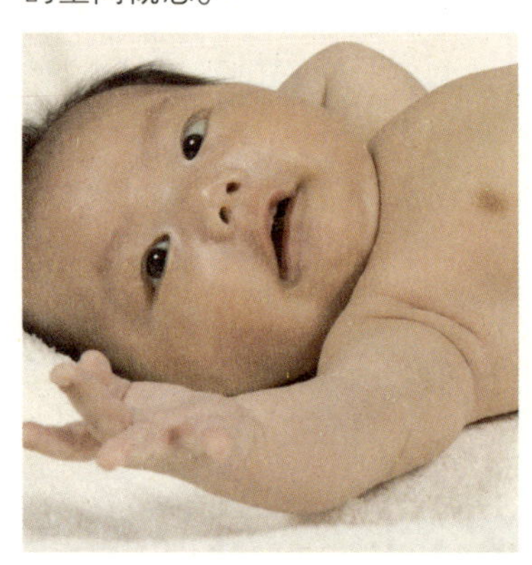

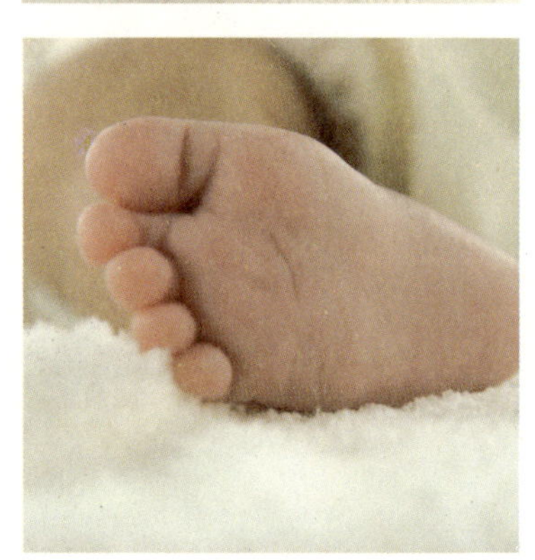

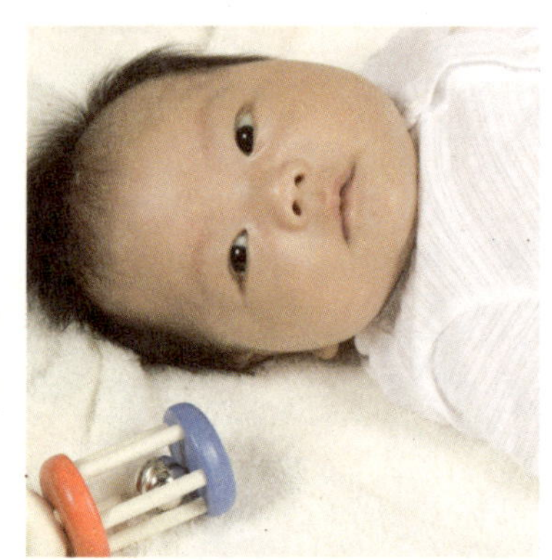

帮孩子练“跆拳道”　出生后6周左右，心情好的时候，孩子会挥舞手臂或是踢动双腿。跆拳道的动作可以让孩子了解到在活动身体的时候应该怎样呼吸。可以把孩子的脚从下向上抬起再放下，或者是让孩子两腿着地站立，然后再向上提起身体。通过这些动作，可以让孩子体会到脚着地的感觉。

给孩子多种语言刺激　千万不要认为反正孩子也听不懂，就不必跟他（她）说话了。其实，语言的学习是随时随地的。孩子会在听妈妈说话的时候，储存一些词汇。当面前发生一些事情的时候，妈妈最好能解释给孩子听，“那是一辆汽车开过来了，嘀嘀——”；或者是在抱着孩子走路的时候，一边走一边说“一、二、三，跳”，对孩子来说，这都是很好的语言刺激。

让孩子触摸物体　抱孩子坐在膝盖上，然后把他（她）喜欢的玩具、奶瓶、皮球等放在孩子伸手可以碰到的地方。如果孩子没有主动伸手去抓，可以把东西往孩子这边移一下，吸引他（她）的注意。让孩子看到各种物品，然后努力去抓，这本身就是一个很好的游戏。

1～2个月孩子的一天

度过了只知道吃和睡的新生儿时期，宝宝在这个时期慢慢地开始关心外面的世界。满月后的孩子已经会和妈妈进行眼神的交流，下面就来看看他们的故事吧。

宝宝姓名　许智远
月龄　27天
出生时体重　3.19千克
目前体重　4.5千克
分娩方式　自然分娩
喂养方式　母乳

吃奶情况　白天6次（随时，想吃就吃），夜里12点和凌晨3点、6点各一次。

大便情况　出生两周后开始为正常的金黄色大便，不过偶尔也会有比较黏的黄色大便。

发育情况　从出生后两周开始，白天只要把他放在婴儿床上，他就会发出“哎”的声音，要求抱。如果不立刻抱他，就开始哭。只要把他抱起来，他就会马上停止哭声，并且眨着眼睛，四处张望或是注视抱他的人。

皮肤问题和解决对策　出生时身上有很多胎脂。洗澡的时候，认真地用纱布擦洗过，现在已经基本没有了。

睡眠问题和解决对策　睡觉前30分钟开始，磨着要吃奶，不过就算喂他，也并不好好吃或者吃一会儿，哭一会儿，如此反复。睡着以后会一直睡到早上6点。

我的宝贝　出生还不到一个月，每天基本上除了吃就是睡。白天的时候，他会跟奶奶，还有妈妈玩一会儿。很喜欢洗澡，把他的脚放在水里，他就会立刻伸开双腿，并且伸个懒腰。

宝宝姓名　李昌民
月龄　30天
出生时体重　3.4千克
目前体重　4.5千克
分娩方式　自然分娩
喂养方式　母乳

吃奶情况　白天以2小时为间隔，喂6～7次，夜里3次。

大便情况　金黄色大便。

发育情况　新生儿时期，每天都在重复吃和睡两件事。不过，最近出现了闹觉的情况。体重增长正常。

皮肤问题和解决对策　有一些胎热，白天一般垫一块尿布，早晚都要涂抹润肤霜，以防止皮肤干燥。

睡眠问题和解决对策　夜里一般醒3次，吃奶后会很快睡去。正努力把夜里喂奶次数减少到两次。

我的宝贝　最常做的动作就是自己使劲儿，每次都把小脸憋得通红。每次听到童谣都会非常开心。当妈妈摇晃黑白色摇铃时，视线会随着妈妈的手移动。

宝宝姓名　金泰银
月龄　36天
出生时体重　3.75千克
目前体重　5.5千克
分娩方式　自然分娩
喂养方式　人工喂养

吃奶情况　每隔3个小时吃一次，每次120毫升。

大便情况　每天一次，金黄色大便。

发育情况　开始可以集中视线。床头挂着彩色动物造型的摇铃，每次转动并且发出声音的时候，都会一直盯着看。喜欢系在脚踝上的小铃铛。

皮肤问题和解决对策　属于皮肤比较干净的孩子。

睡眠问题和解决对策　晚上9点吃奶睡觉，在凌晨1点和5点的时候，再醒来吃奶。早上9点起床，玩一会儿，下午2～6点睡觉。经常闹觉，一边哭一边要吃奶，还会把手指放到嘴里吸吮。要一直抱着或者放在婴儿车里推着才肯睡觉。

我的宝贝　因为吃奶情况很好，身高已经长到了63厘米。每天大约要喝8次奶，每次120～140毫升。最近玩的时间比以前长了。每天大概睡18个小时。每天会有规律地大便一次，没出现过便秘的情况。眼神灵活，只要妈妈一动，他的眼睛就会跟着忙起来。喜欢动物摇铃，听到摇铃的声音，会跟着一起笑。目前，摇铃是他最喜欢的玩具。

宝宝姓名　郑泰民
月龄　50天
出生时体重　3.4千克
目前体重　5千克
分娩方式　剖宫产
喂养方式　混合喂养

吃奶情况　每隔3个小时喂一次母乳，睡觉前喂100毫升奶粉。

大便情况　每天1～2次。

发育情况　会看着妈妈笑，还会与大人四目相对。大人说话的时候，会盯着大人的嘴。如果把玩具放在他的眼前，视线也会随着玩具移动。

皮肤问题和解决对策　皮肤很干净。

睡眠问题和解决对策　只在晚上睡觉之前有些闹觉，喂他喝奶后就会很快入睡。

我的宝贝　因为吃奶很好，所以身高、体重都增长得很迅速。每天隔3个小时吃一次母乳，晚上和爸爸一起洗澡后，再喂一次奶粉，然后再玩一会儿就会睡觉了。吃得多，所以大便也多。最近，会注视着大人的眼睛，喜欢听大人说话。偶尔会把嘴巴张得大大的，开心地笑。

宝宝姓名　李浩俊
月龄　56天
出生时体重　2.9千克
目前体重　6千克
分娩方式　自然分娩
喂养方式　母乳

吃奶情况　每隔3个小时吃一次，正在努力严格按照时间喂奶，即使孩子哭闹也不为所动。夜里睡5个小时就会醒来要吃奶。

大便情况　每天大便一次，金黄色，但比较稀。

发育情况　躺着的时候，头可以左右转动，不过还不能自己抬头。

皮肤问题和解决对策　出生的时候就有胎热，从40天开始，脸部和后背变得更加严重。经常给他脸上涂抹保湿产品。

睡眠问题和解决对策　睡眠很好。虽然是吃母乳，但晚上依然能睡5个小时以上。

我的宝贝　经常会冲着妈妈伸出手，同时嘴里还“咿咿呀呀”的，很爱笑。有时用摇铃来回应他的“咿咿呀呀”，他很喜欢这样的游戏。最近发现他总是把眼睛向上看，有些担心是不是斜视。如果睡着的时候饿了，会伸头过来找妈妈的乳头，样子极其可爱。

宝宝姓名　尹惠媛
月龄　59天
出生时体重　3.2千克
目前体重　5.7千克
分娩方式　自然分娩
喂养方式　母乳

吃奶情况　睡觉之前要吃8～11次，间隔为1.5～2小时。

发育情况　脖子可以短时间支撑住头，让她趴过来，会努力地抬头，并把胸也向上抬。抱着她四处走动，她会觉得很开心，好像在闲逛似的。头可以自由活动，四肢也会努力运动。大约从一个半月的时候，开始“咿咿呀呀”地想要说话。心情好的时候，会盯着妈妈的脸看一会儿，嘴里同时还发出声音，好像要跟妈妈说话一样。

皮肤问题和解决对策　目前，耳朵和从耳后到脖子的部分有轻微的过敏现象，已经涂抹了医院开的药膏，并且用绿茶水洗澡。妈妈尽量不食用牛奶、鸡蛋、豆类和各种快餐食品。

睡眠问题和解决对策　到睡觉时间，打开台灯，在安静的环境中吃奶或听妈妈唱催眠曲。

我的宝贝　吃奶之前，总要先手舞足蹈一会儿，脸上是心情不错的神态。注视一会儿妈妈的脸，会露出笑容，同时嘴里还“咿咿呀呀”的。摇铃铛或是给她看什么东西的时候，会表现出关心的样子，并认真观看。

产后抑郁症的预防和治疗

产后抑郁症并不可怕

觉得生活中充满烦恼，易怒、爱哭、情绪不安、焦躁。另外，还出现食欲下降、经常失眠、消化不好的情况。有些妈妈甚至会出现手脚颤抖或疼痛。在心理上，对当妈妈没有信心，甚至讨厌孩子和丈夫。有时会觉得人生虚无而泪流满面。情况严重的，可能还会产生想要自杀的念头。通常在孩子刚出生的3～5天，很多新妈妈都会感觉到轻微的抑郁和紧张，表现为没有什么特别的理由，就是很想哭。这种抑郁表现是由于产后体内激素突然变化而引起的，持续很短时间后会消失，当然也有再次复发的情况。据研究显示，有50%～70%的产妇都经历过这种症状。个别产妇会在产后数周的时间里，经常独自啜泣，无法控制自己的情绪，这就是真正患上了产后抑郁症，10%～25%的产妇都会有此经历。

患上了产后抑郁症怎么办

首先，不要想让自己成为能够应对任何事情的“女超人”。产后抑郁症严重的时候，最需要的就是家人的帮助。作为家人，除了应该了解这只是产后恢复期的正常过程外，还要具备能够帮助产妇的智慧。虽然，产后抑郁症转变成精神障碍的案例很罕见，但也并不是没有。偶尔会从报纸上读到这样的新闻：产妇抱着孩子自杀。如果是这种情况，产妇就必须要接受精神科的治疗了。

Tips 克服产后抑郁症的方法

1 出现产后抑郁症，最重要的是咨询专业的医生，并接受持久、正确的治疗。

2 要记住，抑郁症并不可怕，患这种病的人很多。

3 告诉自己，并不是因为自己的性格不好，或是受到惩罚才会得抑郁症，这不过就是一种普通疾病而已。

4 拿出足够的勇气，把接受治疗当作人生的一个挑战。

5 让自己获得充分的营养和休息，同时让身体也得到一个很好地治疗。

6 尽可能多晒太阳。另外，室内的光线最好不要太暗。

7 减少一个人独处的时间，但也不要强迫自己与别人交谈，只需和别人待在一起就够了。等心情轻松些的时候再与人交谈也不迟。

8 通过书籍和网络，正确了解抑郁症。只有真正了解了自己的病情，才能更好地治疗。

9 如果要做重要的决定，最好能等到抑郁症恢复以后再做决策。

10 要积极地接受别人的帮助。

产后抑郁症的三个纠结点

照顾不好孩子怎么办 可以说，当下社会对女性的过高期待，是导致产后抑郁症高发的原因之一。每个妈妈都承受着很多压力，最主要的压力就是怎样让自己的孩子完美地成长。但这只是一种强迫心理罢了，完美本身就是一种理想状态。其实，只要怀着一颗爱孩子的心，育儿这件事就已经成功了一半，而剩下的就是一边照顾孩子，一边积累经验和信息，努力去解决育儿过程中遇到的各种问题就可以了。

为什么开始讨厌丈夫 有很多妈妈在与孩子爸爸，也就是自己的丈夫出现关系紧张或者发生矛盾的时候，会觉得生孩子和养孩子是毫无价值，甚至是让人不快的事情。这时，沉重、愤怒、忧郁代替了之前的喜悦和快乐。另外，再想到丈夫根本不会帮忙照顾孩子，而且也不会帮助和鼓励自己的时候，就会感到更大的压力。在这种情况下，要努力去解决夫妻之间的问题，必要的时候可以寻求心理专家的帮助。

我的人生何去何从 如果妈妈还在为“自我认定”这个早在青春期或者刚刚成年的时候就该解决的问题而苦恼，那么育儿对她来说，无疑只能是一个沉重的负担。试想，一个不知道自己是谁，也不知道自己应该做什么的人，怎么能够承担起养育另一个生命的责任呢？就算她有成年人的身体，也有成年人的年纪，但是心智发育还不成熟，那么对她来说，生养孩子无疑会成为一件很费力，而且令人痛苦的事情。因此，不要过分地担心，要坚信，在养育孩子的同时，你的人生也会更加丰富。有了这种心态，妈妈和孩子都会变得很幸福。

积极应对孩子的哭声

应对孩子的哭声是妈妈的基本技能

当孩子哭闹的时候，最重要的就是妈妈必须要立刻作出反应，然后就是找出哭的原因，把它解决掉。如果是孩子肚子饿了，就要给他（她）喂奶，如果是身体不舒服，就要找出原因。无论是哪种情况，都必须找出对策，让孩子停止哭闹。孩子不哭了，就证明问题已经解决了。在这个时期，搂抱这些身体接触的动作是非常重要的。在1岁之前，不必纠正孩子的不良习惯，或是通过正确的养育方法，培养孩子的良好性格。这时候的重点应该放在解决孩子的要求上。如果找不出哭闹的原因，而且怎么哄也哄不好，就要怀疑是不是

Tips 孩子哭的时候怎么办

查看尿布 尿布湿了的时候，孩子肯定会哭。

喂奶 孩子可能是感到饿了。

抱抱 这可以消除孩子的心理不安。妈妈的心跳和抚摸，可以让孩子的情绪稳定下来。

唱歌 唱一些类似于催眠曲的童谣。

凑近孩子耳朵，发出“嘘嘘”的声音 孩子在子宫里经常听到的声音就是“嘘嘘”声，有些孩子听到这种声音就会睡着。

打开吸尘器 不足3个月的孩子可能会从嘈杂的声音中找到平静。

把孩子放到摇篮里 有些孩子被放到摇篮里后，会停止哭闹。

孩子身体哪里不舒服，最好去医院检查一下。如果不能正确处理，很可能会引发各种问题，也就是说，如果不能满足的孩子的基本需求，不仅会延迟其身体的发育，甚至影响智力方面的发育，在基本的信任关系上也会出现问题。如果要求迟迟得不到满足，孩子就会一直哭，结果就会使孩子形成一种孤僻、敏感的性格。甚至，这样还会造成父母与孩子之间的关系出现不和谐的音符。特别是当孩子因为分离不安而哭闹的时候，妈妈应该马上抱起孩子，并且不断地跟他（她）说话，让孩子的情绪尽快稳定下来。对孩子来说，妈妈的这种情感回应是非常重要的，来自妈妈的一个温暖回应，会让孩子马上平静下来。

孩子的啼哭都是有原因的

肚子饿 这是最常见的理由，孩子肚子饿的时候，当然会通过哭来发出信号。通常，开始是混杂着哭音的哼唧声，然后慢慢地开始哭起来。如果过了一会儿还没有给他（她）喂奶，哭声就会变得强烈起来。

疼痛 疼痛、发热以及受伤的时候，孩子也会哭。这时的哭声一般都很强烈，并且急促。

身体不适 尿布湿了或是衣服让他（她）感觉冷了或热了的时候，以及身体哪里有些不适的时候，孩子也会哭。这时的哭声是有规律的，而且很有力。

想让妈妈抱 当想让妈妈抱或者希望大人关注的时候，孩子也会哭。这时，哭声中是带些撒娇、耍赖的情绪。

愤怒 如果因为上述理由哭闹而没有得到妈妈理会时，孩子就会生气，哭声中开始出现愤怒。哭声有力，呼吸急促。

惊吓 因为嘈杂或突然的声音等令人不快的刺激，导致孩子受到了惊吓，也会爆发出哭声。一般都是突然的大声哭闹。

关于1～2个月婴儿的问题与解答

Q　宝宝微睁着眼睛睡觉，这样正常吗?

A　不必为这个问题担心。闭眼的肌肉叫做眼轮匝肌，宝宝的这部分肌肉是有弹性的，在不对它用力的状态下，就会出现眼睛不完全闭合的现象。随着时间的推移，眼轮匝肌的弹性降低，孩子自然而然地就能闭上眼睛睡觉了。不过，如果孩子睡觉时大睁着双眼，甚至能看到一半眼珠，或眼睛有充血，就必须要去医院检查一下了。

Q　宝宝嘴里有味儿，怎么办?

A　宝宝嘴里有味儿，多半是因为嘴里残留有食物残渣。特别是早晨的时候，味儿比较重，这是因为夜里口腔干燥的缘故。喝奶之后，用纱布把宝宝的嘴里擦一擦，就可以防止出现这种情况。另外，最好能够提高家里的湿度。如果采取了各种措施之后，宝宝嘴里的味儿依然没有减轻的话，就须要去医院检查了。

Q　孩子睡觉的时候总把头扭向一边，这该怎么办?

A　这个时期的孩子，脖子的肌肉还处于没有完全发育好的状态，有些孩子会出现一边肌肉更发达的情况。当孩子睡觉的时候，可以随时帮他（她）把头转到另一边。另外还要仔细观察，孩子的问题是否属于斜颈。如果是斜颈，脖子会用力转向某一边，无法把头转过来。

Q　宝宝夜里经常醒，这样正常吗?

A　这并不是因为孩子本身有什么问题。从孩子的角度来说，在妈妈的子宫里待了10个月，来到这个世界上，必须要经历一个适应的过程。如果因为孩子夜里睡觉的问题，妈妈感觉急躁或者压力很大，孩子会更加难以适应。所以，请相信：时间可以解决一切。

Q　要给人工喂养的宝宝吃帮助消化的药吗?

A　通常来说，帮助消化的药是在消化剂中掺杂了B族维生素。不过，吃帮助消化的药并不会使肠道更加强壮，而只是在患了肠炎，或者出现轻微腹泻及严重便秘的时候，会有一定帮助。在日常情况下，没有必要服用。出现症状的时候，可以在医生的指导下，服用一周左右。

Q　孩子可以吃奇应丸吗?

A　当孩子出现因为夜惊而哭闹，造成睡眠不足的时候，有些妈妈会给孩子吃奇应丸，特别是奶奶会愿意给孩子吃这种药。奇应丸具有定惊的作用。孩子受到惊吓是因为神经系统发育还不成熟。如果每次都吃奇应丸来稳定情绪的话，就会妨碍到孩子自身神经系统的发育。另外，如果一受惊就吃奇应丸，会掩盖一些疾病症状，使医生无法作出正确诊断，甚至贻误病情。夜惊大多与缺钙导致神经系统易激惹有关，应去医院查血清钙或骨密度，可能补钙后会好转。

Q　宝宝好像是罗圈腿，该怎么办?

A　刚出生的孩子，腿都是有些弯曲的。满月以后，慢慢地就会伸直，不过看上去，孩子的腿好像依然是弯的，这是因为孩子腿部肌肉发育还不成熟的关系。可以在换尿布的时候，抓住孩子的双腿，做做伸展体操。

Q　宝宝腹泻怎么办?

A　腹泻是这个时期孩子的常见症状。如果一天拉4～5次比较稀的大便，则不能算是腹泻。特别是母乳喂养的孩子，一天拉5次以上是很正常的。人工喂养的孩子如果出现腹泻，可能是奶粉比平时冲得稀所致。吃奶的孩子，大便通常都比较稀，只要孩子玩得好，情绪也很好，就不用太担心。不过，如果大便发出难闻的味道，而且里面还混杂着白色的异物，就要去医院检查了。另外，如果孩子持续腹泻6个小时以上或者大便里有黏液和血迹，或者是看上去好像淘米水，就要马上就医。

Part 03

2个月后的孩子，一切都好吗

妈妈的产后恢复已经结束，一切都开始走上正轨。宝宝也长大了不少，经常会发出各种各样的声音，而且更喜欢和妈妈玩了。虽然依旧不能随意地活动身体，但宝宝已经开始一项项地学习各种运动技巧了。一直以来什么都不会的小宝贝，不知不觉中已经可以在床上“咿咿呀呀”地自己玩了。宝宝的脸上时而会露出笑容，好像已经认识妈妈了一样。为人父母的责任感更加强烈，不要再逃避，好好去享受这种幸福吧！

宝宝的发育正常吗

表3.1和表3.2是2个月婴儿的身体发育统计数据，供参考。

表3.1　2个月时男婴的身体数据

指标	2个月时百分位						
	3	10	25	50	75	90	97
体重（千克）	3.92	4.70	5.30	5.90	6.34	6.85	7.36
身高（厘米）	52.0	55.4	57.4	59.2	61.0	62.4	64.6
头围（厘米）	36.0	37.0	38.3	39.2	40.1	41.0	42.5
胸围（厘米）	34.8	36.7	38.0	39.8	41.3	43.0	44.8
体重（千克）*	4.53	4.88	5.25	5.68	6.15	6.59	7.05
身高（厘米）*	54.6	55.9	57.2	58.7	60.3	61.7	63.0

注：*为“中国0～18岁儿童青少年身高、体重百分位数（2005年）”。

表3.2　2个月时女婴的身体数据

指标	2个月时百分位						
	3	10	25	50	75	90	97
体重（千克）	3.98	4.60	5.10	5.50	5.94	6.38	6.87
身高（厘米）	51.8	54.5	56.5	58.1	59.8	61.2	62.9
头围（厘米）	35.5	36.7	37.5	38.5	39.4	40.2	41.5
胸围（厘米）	34.0	36.0	37.2	39.0	40.2	42.2	43.5
体重（千克）*	4.21	4.50	4.82	5.21	5.64	6.06	6.51
身高（厘米）*	53.4	54.7	56.0	57.4	58.9	60.2	61.6

注：*为“中国0～18岁儿童青少年身高、体重百分位数（2005年）”。

2~3个月孩子的生长发育以及育儿作业

确定生活节奏的时期

这时候的宝宝，不喜欢一个人独处，高兴的时候会笑，不喜欢的时候会哭。开始“咿咿呀呀”地说话，或许妈妈可以听懂宝宝在说什么。

这个时期孩子身上的变化

认识照顾自己的人，并露出笑容 当看到照顾自己的人时，会主动露出笑容。通过这样一个具有“社会性”的笑容，孩子已经开始学会区分不同的人了，已经可以分清爸爸和妈妈。对于爸爸和妈妈的声音，会作出不同的反应。

会抓住感兴趣的物品 宝宝对身边的世界已经越来越熟悉，他（她）会挥舞手臂，想要抓住放在眼前的物品。

开始“咿咿呀呀”地说话 开始的时候，只是发出一些短小的单音，逐渐发展为“咿咿呀呀”状态。随着时间的推移，宝宝会发出越来越多样的声音。

头可以抬起45° 宝宝满两个月以后，头就可以抬起到45°了，快满3个月的时候，几乎就可以抬起到90°了。同时，宝宝会想要扭头看看周围。抱起来的时候，已经可以独自转头了。

可以区分白天和夜晚 宝宝一天中的大部分时间仍然是在睡觉，不过，已经不再像以前那么不分日夜了，能睡一整夜的孩子越来越多。与睡觉相比，宝宝更喜欢醒着的时候与

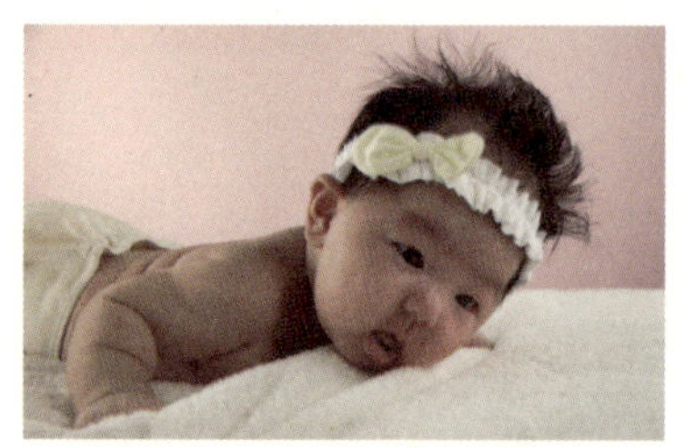

趴着的时候，头可以抬高到45°。

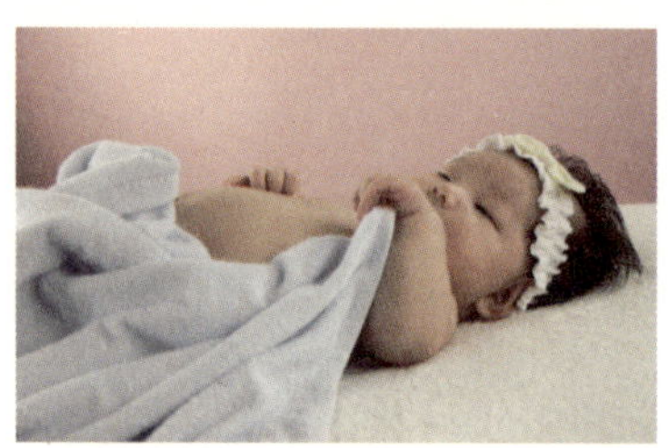

抓住感兴趣的物品，下一步当然就是把它送到嘴里了。

大人一起玩耍。

好奇心增强 对新鲜的事物和周围的世界越来越感兴趣，常常会一边吃奶，一边四处张望。每当悬挂在天花板上的摇铃晃动的时候，眼珠也会跟着一起动。就算是躺着，头也会随着爸爸妈妈的走动方向而转动。

发育快的孩子已经可以使用背带 宝宝的脖子已经可以支撑住头。发育快的孩子，已经可以使用婴儿背带包被了。当用包被裹好，背在妈妈的后背上时，宝宝的视野变大了，所以大部分孩子都会很喜欢。因为脖子的力量还很弱，所以在用包被背孩子的时候，必须要保护好他（她）的脖子。

可以滚动身体 这个时期的孩子已经可以从一侧向另一侧滚动身体。借助大人的帮助，还可以翻身。

这个时期妈妈要完成的育儿作业

多多抱他（她） 宝宝出生已经有2～3个月了，醒着的时间变得越来越长，也越来越需要妈妈的陪伴。有些妈妈担心这时候经常抱孩子，会养成不好的习惯。其实，这是一种错误的想法。宝宝醒着的时候，不喜欢一个人待着，独自一人会让他（她）感到很不安，甚至是愤怒。妈妈要让孩子知道，其实妈妈一直在身边，就要尽可能地多抱抱孩子，这样可以消除孩子的不安。否则，不仅会造成孩子发育迟缓，可能还会引发一些心理方面的问题。

不要忘记免疫接种 宝宝出生后两个月，有多种疫苗需要接种。基本的接种项目包括白百破疫苗（译注：我国为宝宝出生后3个月、4个月、5个月各注射1次，1.5～2岁时加强1次，7岁时白破二联加强）和小儿麻痹疫苗（译注：我国为小儿麻痹糖丸），自选的项目包括流行性脑脊髓膜炎疫苗和肺炎疫苗。根据疫苗种类的不同，两个月时可能要注射乙型肝炎疫苗（译注：我国为宝宝出生时、1个月、6个月各注射1次），妈妈一定要特别留意。

培养孩子的手眼协调能力 这时的宝宝还不能把眼睛与手脚的动作联系起来，也就是说，宝宝很难抓到用眼睛能看到的东西。要想实现这一点，就要进行反复练习。认真观察孩子的目光看向了哪里，当孩子注意力集中的时候，要给他（她）看一些东西，吸引他（她）的注意力。

对付湿疹 有些孩子在出生的时候，皮肤光滑，可两个月过去以后，却出现了过敏的情况。受到冷风刺激后，脸色发红，皮肤紧绷，同时出现炎症，这就不再是简单的湿疹，而是发展成了过敏。特别是当孩子觉得发痒并经常用手挠脸的时候，就更可能是出现了过敏。要消除会引起过敏反应的环境因素，注意保湿，尽可能坚持母乳喂养。过敏严重的话，最好在医生的指导下涂抹一些药膏。很多妈妈都担心过敏性皮炎使用类固醇制剂会对孩子的生长发育产生负面影响，其实只要是遵从医嘱，短期使用不会造成不良影响。这个时期，孩子出现问题最好还是咨询医生，不要相信一些民间偏方。

积极回应孩子的“咿呀” 这个时期的宝宝，会独自一边玩耍，一边发出“咿咿呀呀”的声音。如果这时候能够模仿孩子，也发出类似的声音，孩子就会表现出很配合的态度，好像在和妈妈对话一样。孩子会仔细观察妈妈的嘴型，并对妈妈说的话表现出浓厚的兴趣，而且也会努力动嘴唇。心情好的时候，还会发出“嗯嗯”的声音，其实这是宝宝开始学习说话了，所以妈妈应该作出积极的回应。

预防婴儿猝死 婴儿猝死指的是正在睡觉的健康孩子，突然死去。导致婴儿猝死的原因目前尚不明确。不过，有报告显示，大多猝死的婴儿都是在睡觉的时候，突然呼吸困难，然后猝死。这种情况一般多发生在出生后2～3个月的孩子身上。被子太厚重，环境过冷或过热都有可能是造成猝死的原因，所以妈妈一定要特别注意。

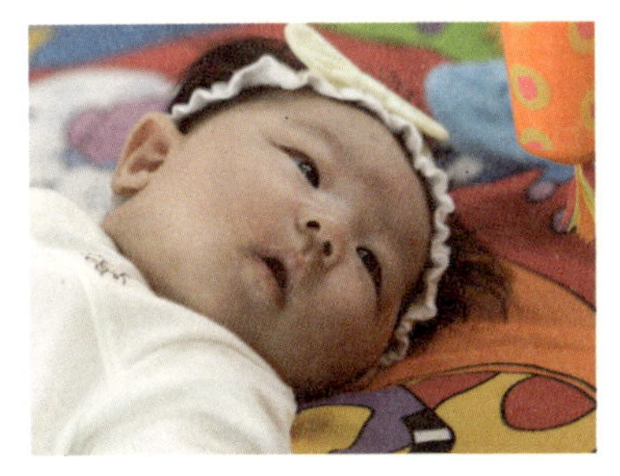

Tips 美国小儿科学会的婴儿健康十大守则

1 绝对禁止在婴儿面前吸烟。除了吸进二手烟会影响宝宝的健康外，还会让孩子过早地学会吸烟。

2 好的食物可以让孩子更健康。尽量让孩子有规律地摄取充足的营养。

3 必须在汽车里安放安全座椅，不要让孩子坐在副驾驶位置上。

4 哄新生儿睡觉时，要让孩子平躺，这样可减少婴儿猝死的几率。

5 在规定时间内进行免疫接种。

6 检查家庭环境是否安全，在家中安装火灾警报器，把危险物品放到孩子拿不到的地方。

7 消除家庭内的“暴力”。除了身体的暴力，父母的语言也有可能对孩子造成伤害。

8 从出生后6个月开始，读书给孩子听，可以有效地促进智能发育。

9 让孩子从电视等媒体中看健康的节目。

10 营造一个让孩子时刻感受到被关爱的环境。

刺激视觉和听觉

2~3个月孩子的游戏计划

宝宝对世界的好奇感越来越强烈，并且已经开始了积极的探索。身体、感觉、语言、情绪，每一项发育都不能疏忽。

翻身 让孩子趴在床上，如果孩子的两只胳膊向两边伸开，妈妈可以帮孩子把手臂放到他（她）的身体底下。这时，孩子会努力用肘部支撑起身体，此时妈妈可以轻轻地推他（她）一下，让宝宝的身体翻转过来。

和宝宝顶鼻子 宝宝通常都会很喜欢皮肤接触，而这个时期的孩子尤其喜欢和爸爸妈妈在一起。所以，看着宝宝的眼睛，和他（她）顶顶鼻子，是很好的亲子游戏。

把孩子的双手和双脚碰在一起 让孩子平躺在床上，抓住孩子的两只手去摸他（她）的两只脚，这有助于发展孩子的运动能力，并且促进他（她）手掌和脚掌的感觉发育。

躺着把孩子举起来 当孩子已经可以完全支撑起头的时候，就可以做这个游戏了。妈妈先躺好，把膝盖提到胸前，然后让孩子坐在妈妈腿上，用双脚托住孩子的屁股，再把腿抬高，让他（她）可以看到妈妈的脸。这时，妈妈可以一边笑一边喊孩子的名字。

创造各种刺激环境 宝宝长到2~3个月的时候，兴趣会从黑白转移到鲜艳的色彩上，并开始对形体有一定的理解。这时，可以在婴儿床旁边悬挂一些造型夸张、颜色鲜艳的玩具。有一种玩具叫做“婴儿游戏毯”，就是在宝宝的眼前悬挂很多形状、色彩多样的玩具，这会对宝宝大有益处。宝宝会努力想要抓到眼前的玩具，还会伸腿去踢这些玩具。还可以在孩子的脚上拴一个摇铃，这样每次宝宝脚一动摇铃就会发出声音。

靠着东西坐起来 让宝宝靠着枕头或垫子坐好，然后跟他（她）说话或是跟他（她）玩。宝宝会很有兴趣学习自己如何独坐。

藏猫猫 用毛巾遮住宝宝的脸，和他（她）玩藏猫猫的游戏。虽然这时候宝宝还不会咯咯笑，不过会从中了解到藏起来又出现的简单规则，而且宝宝会记住这种游戏的方法，以后只要遮住他（她）的脸，他（她）就会知道要玩什么，这对训练记忆力有一定帮助。

抓住摇铃 如果把摇铃放到宝宝手里，他（她）就会抓住。开始时，可以把摇铃放到宝宝面前，慢慢移动，宝宝的视线也会随着一起转移。如果宝宝张开手，就把摇铃放到他（她）手里。如果宝宝不会摇，妈妈可以握住宝宝的手一起摇。通过这样的过程，宝宝会逐渐学会自己摇晃摇铃，听它发出声音。

关于2～3个月婴儿的问题与解答

Q　宝宝的四肢经常抖动，有关系吗？

A　胳膊或者腿抖动属于一种原始反射，孩子的运动神经还不成熟，所以会出现这种现象。一般在孩子3个月的时候会出现这种情况，而到6个月的时候，这种情况就很少见了。如果没有出现眼部的异常和痉挛就没有关系，这只是一种肌肉的运动，无需担心。

Q　宝宝睡觉的时候出很多汗，这样正常吗？

A　宝宝满2个月以后，由于日常运动增加，经常会出汗。特别是在吃奶和睡觉的时候，出汗尤其多。吃奶的时候出汗，通常不必担心，因为对孩子来说，吃奶是一件很费力的工作。睡觉的时候出很多汗，甚至连枕头都湿了，如果没有其他异常，也不必担心。这主要是因为孩子新陈代谢比较活跃，出汗多反而会让他（她）觉得凉爽。

Q　宝宝身体褶皱里长痱子，怎么办？

A　这个时期的孩子开始变得越来越胖，后背、胳膊肘、大腿根等部位很容易长痱子。长了痱子以后，最好不要频繁地抹痱子粉。这些粉通常只能起到预防潮湿的作用，抹在已经长了痱子的部位，反而会堵住毛孔，使情况更严重。这时候要做的应该是保持身体的干爽，并经常通风。给孩子洗完澡后，要把身体完全擦干。如果是大腿根里边长了痱子，可以先停止使用尿布，涂抹一些医生开的药膏，并保持身体干爽。

Tips 宝宝2～3个月时的注意事项

先天性白内障　通常，宝宝在出生后2～3个月的时候，就会注视妈妈的眼睛了。如果这时候孩子无法注视妈妈的眼睛，目光的焦点不明确，就有可能患了先天性白内障。先天性白内障，指的是先天性的玻璃体混浊。这种情况大多是由于家族遗传，也可能因为一些未知的原因。另外，如果妈妈在怀孕的时候感染过风疹、代谢性疾病、眼睛或全身异常等，也可能会引发先天性白内障。

这种病最主要的一个症状就是瞳孔发白。正常孩子的眼睛，瞳孔应该是黑色的。病情较轻的时候，用肉眼很难察觉，如果肉眼可以看到，就说明已经到了比较严重的程度。先天性白内障的第二个症状是无法凝聚眼神，会表现出一些斜视的症状。在发现了这些异常以后，应该马上去医院接受检查。如果情况不太严重，而且视力还可以进一步发育，可以一边关注视力的变化，一边进行治疗。不过，如果已经对孩子的视力发育造成了障碍，就必须尽快接受手术。

Q 睡着的时候，孩子突然笑或者皱眉，正常吗?

A 熟睡中的孩子，有时会突然动动嘴唇，好像在微笑或是皱皱眉头。这时候，宝宝应该是在做梦。孩子的睡眠要比大人更深，所以也就会做更多的梦，而且这个时期的孩子，神经和肌肉都还没有发育成熟，所以脸部肌肉经常会颤动，看上去就好像是在笑或是皱眉，妈妈无需为此特别担心。

Q 吃完奶后，孩子的肚子里发出"咕噜噜"的声音，并且一直放屁，怎么办?

A 发出"咕噜噜"的声音并不代表不消化，恰恰相反，这表示正在消化。屁是消化食物时排出的气体，并不代表消化功能出现了问题。不同的孩子消化能力也不同，有些孩子吃进去食物会在肠道里停留比较长的时间，这样的孩子放屁就会比较多。

Q 孩子哭的时候，只要含住安抚奶嘴，就会停止哭闹，经常含安抚奶嘴会有副作用吗?

A 很多妈妈看到孩子含着安抚奶嘴，都会有些隐隐的担心。可是，儿科医生却说，孩子天生就有要吸吮的要求，所以应该充分给予满足。孩子含住妈妈的乳头或是奶瓶的奶嘴，除了是因为饿，同时也是为了满足吸吮的要求。因此在这个时期，如果孩子喜欢安抚奶嘴，完全可以给他（她），不会出现任何问题。对于孩子来说，满足吸吮要求这种行为本身就是一项很有趣的游戏。不过，在使用安抚奶嘴的时候，一定要选择正规的产品。有些妈妈会用奶瓶上的奶嘴来代替安抚奶嘴，但是那样的话，孩子在吮吸奶嘴的时候会吸进很多空气，就不太好了。

Q 孩子经常吸吮手指，怎么办?

A 有临床报告显示，经常吸吮手指的孩子，食欲都比较好，而且更容易接受新食物。吸吮手指其实只是在寻求一种心理安慰。另外，吸吮手指的孩子也很少出现婴儿产痛，所以对于这个问题，不必过分担心。甚至有人认为，孩子吸吮手指可以认识自己的身体，对自我意识的形成也有帮助。通常在6个月以后，孩子开始对其他玩具感兴趣，吸吮手指的情况就会慢慢消失。所以在这个时期，不必刻意去制止孩子的这种行为。

2～3个月孩子的一天

出生后2个月的宝宝，趴在床上的时候，头已经可以抬起来，他（她）还经常手舞足蹈，嘴里“咿咿呀呀”地说个不停。不过，这个时期的孩子经常闹觉，让妈妈头痛不已。

宝宝姓名　李西俊
月龄　2个月
出生时的体重　3.4千克
目前体重　6千克
分娩方式　自然分娩
喂养方式　母乳

吃奶情况　还不能按照固定的时间间隔喂奶，每次只要孩子要吃就会喂。

大便情况　金黄色大便，每天2～3次。

发育情况　晃动摇铃的时候，会对发出声音的地方作出反应。趴着的时候，可以抬起头。

皮肤问题和解决对策　出生3周后开始出现胎热，没有抹药膏，只是在洗澡后在身上涂抹润肤露，并尽量保持室内空气的新鲜，胎热逐渐消失。

睡眠问题和解决对策　通常都是吃着奶就睡着了。

我的宝贝　一直特别喜欢黑白色摇铃，每次只要一晃动摇铃，他就会跟着笑。最近想换成会发出声音的彩色摇铃。以前只有在晚上睡着的时候才会露出笑容，现在看到妈妈的时候，也会笑了。看着他的眼睛时，他还会发出“噢——”的声音。

宝宝姓名　具达人
月龄　2个月
出生时的体重　3.3千克
目前体重　5.5千克
分娩方式　剖宫产
喂养方式　第1个月混合喂养，现在是人工喂养

吃奶情况　每次140毫升，每天5～6次。

大便情况　比较稀的金黄色大便，每天1～2次。

发育情况　抓住他的两只手玩拍手的游戏，会开心地笑。每次喝奶之前，给他系上围嘴，他就好像知道似的，会张开小嘴，把头左右转动。如果注视着他的眼睛，他的嘴角会露出微笑，好像认出了爸爸妈妈。不管妈妈说什么，他都会“啊——”“呜——”地给予回应。

皮肤问题和解决对策　皮肤呈乳白色。尽量不让宝宝感觉到热，防止出现胎热。

睡眠问题和解决对策　不爱闹觉，属于比较乖的孩子。

我的宝贝　睡觉的时候，头总是转向一边，很担心会把一边的脑袋睡扁。新生儿时期出现了黄疸，一度非常担心，好在现在已经恢复了，而且非常健康、漂亮。

宝宝姓名　张载英
月龄　2个月零2天
出生时的体重　4.42千克
目前体重　6.6千克
分娩方式　自然分娩
喂养方式　第1个月混合喂养，现在母乳喂养

吃奶情况　每天7次，每次间隔3小时。

大便情况　金黄色大便，2～3天一次。

发育情况　出生的时候比较大（4.42千克），跟同龄小朋友相比，身高和体重的发育速度都要更快一些。脖子已经可以挺得住，用手托住他的脚，会用力蹬。

皮肤问题和解决对策　没有什么特别的症状。

睡眠问题和解决对策　满月以后，一般都是凌晨1点睡，早晨7点醒。经常闹觉，必须抱着才肯睡。

我的宝贝　一天中大部分时间都还是在睡觉。醒着的时候，会四处张望或是盯着天花板，躺着的时候，喜欢用力蹬腿。和妈妈四目对视的时候，会露出笑容，并发出“咿咿呀呀”的声音。晃动摇铃时，会向发出声音的地方看。最近特别喜欢“说话”。

Tips 职场妈妈们的喂奶法

断掉母乳，改喝奶粉 从吃母乳变成吃奶粉，通常需要一个月左右的适应期。首先，必须让孩子离开乳头，习惯奶嘴。开始的时候，可以先用吸奶器把奶吸出来，用奶瓶喂孩子，同时一天搭配一次奶粉。如果孩子不拒绝，就可以逐渐增加喝奶粉的次数，慢慢停止母乳。如果孩子不肯喝奶粉，可以让其他人用奶瓶来喂孩子。如果一直不肯用奶瓶，也可以试试用杯子或者勺子喂。

用吸奶器吸出奶水，然后储存起来 现在，很多妈妈一边上班，一边坚持母乳喂养。先要确认公司是否有可以吸奶的地方，以及保管吸奶器的场所，当然还要有一台冰箱。从上班的前一个月开始，就要每天用吸奶器把奶吸出来，保存在冰箱里，训练孩子使用奶瓶。正式上班以后，上班前和下班后可以自己喂奶，白天的时候（上午、中午、下午各一次），把奶吸出来储存好。如果在公司里无法按照这样的时间间隔吸奶，也可以白天减少为两次，然后夜里再吸一次。

宝宝姓名 申智源
月龄 2个月零11天
出生时的体重 3.4千克
目前体重 6.1千克
分娩方式 自然分娩
喂养方式 母乳喂养

吃奶情况 每天5～6次。

大便情况 大便比较稀，每天1～2次。

发育情况 躺着的时候经常手舞足蹈。更喜欢彩色的摇铃。经常把整个拳头放进嘴里。“咿咿呀呀”的时候，如果有人和他一起说，他就会说得更加来劲。

皮肤问题和解决对策 脸上有些因为摩擦而变红的痕迹，还有一些小斑点，不过洗脸后抹一些保湿产品，就会变得非常干净。

睡眠问题和解决对策 白天需要抱着或是躺在婴儿车里睡。夜里不醒，可以一觉睡到天亮。

我的宝贝 最喜欢玩自己的手，经常挥舞双手或是把手放在嘴里吃，每次都表现出很兴奋的样子。本来想用安抚奶嘴来代替吃手，可是宝宝并不接受。独自待上30分钟，就必须要让抱。不过晚上睡得不错，一次都不醒。而且长得越来越可爱。

宝宝姓名 尹惠媛
月龄 2个月零2天
出生时的体重 3.2千克
目前体重 5.7千克
分娩方式 自然分娩
喂养方式 母乳喂养

吃奶情况 到睡觉之前，要吃8～11次，间隔大约是1.3～2小时。

发育情况 脖子还不能完全挺直，趴着的时候，会努力把头抬起，并持续一小会儿。喜欢被竖抱着，还喜欢被抱着四处走。头已经可以自由活动，每天还会认真地活动四肢。从一个半月的时候，开始“咿咿呀呀”，并逐渐发出各种复杂的音节。心情好的时候，会注视着妈妈的脸，嘴里发出声音，好像在和妈妈说话一样。

皮肤问题和解决对策 目前，耳朵和耳后到脖子的部分（头发下边）略有一些过敏症状。抹了医生开的药膏，并且经常用绿茶水洗澡。妈妈不吃牛奶、鸡蛋、豆类及一切快餐食品。

睡眠问题和解决对策 在睡觉时，一定要打开台灯，喜欢在安静的环境中喝奶，听着催眠曲入睡。

我的宝贝 吃奶前，最喜欢手舞足蹈一下，满脸都是欢喜的表情。凝视妈妈脸的时候，会露出微笑，并“咿咿呀呀”地说个不停，晃动铃铛。给他看什么东西的时候，会露出关心的神态，并认真观看。喜欢听儿歌和古典音乐。

2～3个月孩子的免疫接种

基本接种与选择接种

免疫接种大致包括基本接种和选择接种两种。一些比较易得且得上就会很严重的病，例如大家都知道的结核病、白喉、破伤风、百日咳、小儿麻痹、乙肝等，都属于基本接种范围。而水痘、流感、肺炎、流行性脑脊髓膜炎、甲肝、伤寒、霍乱、流行性出血热等特定人群须预防的疾病，则属于选择接种范围。基本接种的都是分布比较广泛、危害比较大的疾病，全体公民都必须接种。选择接种的则是相对比较少见，或者危害相对较小的疾病，个人可以根据情况有选择地接种。不同的国家，基本接种的种类略有差异。例如流行性脑脊髓膜炎，在美国等国家是属于基本接种的范围，而在韩国，则是属于选择接种的疫苗。这是因为，相对于美国，这种病在韩国的流行没有那么广泛。而在韩国属于基本接种的结核病和乙肝，在美国等国家则属于选择接种，因为这些疾病在那些国家比较少见。不过，虽然在韩国水痘和流行性脑脊髓膜炎属于选择接种的范畴，但是大部分的婴儿都会接种这两种疫苗。

基本的免疫接种

白喉、百日咳、破伤风疫苗　白喉、百日咳、破伤风这三种疫苗一起接种，统称为白百破。一般须接种5次。第一次接种是从出生后2个月开始，每隔2个月接种一次，共3次，补充接种是在出生后18个月以及4～6岁之间（译注：我国为宝宝出生后3个月、4个月、5个月各注射1次，1.5～2岁时加强1次，7岁时白破二联加强）。

白喉是感染了白喉杆菌后，引起咽喉黏膜炎症，同时还会引起呼吸困难、心肌麻痹、心肌炎等。感染破伤风杆菌而引起的破伤风，会引发一种特有的神经症状，致死率很高的。这两种都属于很严重的疾病，必须要接受免疫接种。

7岁以上的儿童就不必再接种百日咳疫苗了。完成了5次接种以后，10～12岁时，可以接种成人型破伤风疫苗和白喉疫苗。接种疫苗以后，可能会出现头痛、发热、痉挛等副作用。如果在第一次接种后就出现了严重的副作用，必须要立刻停止接种。再次接种的时候，不能接种在相同的部位上。因为疫苗吸收需要1～3个月的时间。

小儿麻痹疫苗　以前小儿麻痹的发生率非常高，而现在报告的病例已经极少了。小儿麻痹疫苗（译注：我国均采用口服小儿麻痹糖丸）属于基本接种，一般从出生后2个月开始，以1个月为间隔，共接种3次，4岁的时候还有一次补充接

Tips 免疫接种提前和推后的时间

接种时间，通常都是以疫苗最有效的时间为基准，一般提前或错后一个月进行接种，都不会影响使用效果。不过，如果想获得最佳的免疫效果，就要在规定时间内接种。不同的疫苗，接种时间也各有不同。

卡介苗　如果在出生后1个月的时候没有接种，就须要尽快去补种，接种之前，最好能进行一个结核菌素的检查。如果已经感染了结核，就无需再进行接种了。为了避免这种麻烦，最好能在4周之内接种该疫苗。

乙型肝炎疫苗　在接种了一次并且以后无法再接种的情况下，如果可能，尽快接种第二次，第三次则要间隔两个月以后。如果已经完成了两次接种，即使暂时来不及接种第三次，下次再接种的时候，也无需从头开始，而只要补种第三次的疫苗就可以了。

白百破疫苗　无需从头开始进行新的接种，只要接种剩下的次数就可以了。即使不重新接种，也不会影响免疫效果。

小儿麻痹疫苗　1岁以前的孩子推迟接种的时候，要以6～8周为间隔，接种两次，2～12个月以后，再接种第三次。在4岁以前接种第三次者，4～6岁之间还要再补充接种一次。

种。小儿麻痹疫苗包括口服和注射两种，可以从中选择一种。不过，因为口服药的副作用比较大，所以大多数人都还是选择注射疫苗。

乙型肝炎疫苗　为了有效地预防肝炎，会给所有新生儿都注射乙型肝炎疫苗。如果产妇本身就是乙肝病毒携带者，那么新生儿只接种疫苗是不够的，还必须同时注射乙肝免疫球蛋白。因为如果孩子感染了病毒，即便没有发病，也很可能已经成为了乙肝病毒携带者。对孩子来说，可以在大腿上进行肌肉注射。由于产品不同，注射时间可以在出生后1个月和2个月，或者1个月和6个月时（译注：我国为宝宝出生时、1个月、6个月，共注射3次）。

推荐的免疫接种

流行性脑脊髓膜炎　流感嗜血杆菌侵入到婴幼儿体内，就会引起脑膜炎、中耳炎、会厌炎、化脓性关节炎、潜在性菌血症、肺炎等。个别情况下，也会成为新生儿败血症或流行性脑脊髓膜炎的患病原因。在美国，感染流感嗜血杆菌的频率很高，所以把流行性脑脊髓膜炎包含在了婴幼儿的定期免疫接种中。根据疫苗种类的不同，通常是从出生后2个月开始，以2个月为间隔，共接种3次，在12～15个月的时候，还要再补充接种一次。如果是已经满一周岁的孩子，则只要接种一次就可以了。免疫功能正常的5岁以下的幼儿都可以接种。

肺炎疫苗　肺炎球菌是引起中耳炎的最常见原因。感染了肺炎球菌以后，会引起肺炎、脑膜炎、鼻窦炎等。另外，也是1岁以内婴儿经常发生的特发性败血症的元凶。2～6个月的婴儿，以2个月为间隔，共接种3次，12～15个月的时候再补充接种一次。另外，还有专门给2岁幼儿接种的疫苗。这种疫苗的副作用很小。

Part 04

过了百天的孩子，一切都好吗

宝宝已经3个月了。胳膊和腿都长成了白白胖胖的“小莲藕”，小脸蛋也变得红扑扑的，眉眼越来越清秀。多数宝宝在这一时期已经可以把头直立起来，无论是背还是抱都方便了很多。从这时开始，宝宝真正认识了妈妈。发育快的孩子，已经开始知道怕生，对妈妈以外的人会感到害怕。在这个时期，妈妈与宝宝的关系变得更加紧密。宝宝的一颦一笑，都能让妈妈感到无限的喜悦。孩子开始长大，他（她）所迈出的每一步，都渗透着妈妈的心血。

宝宝发育正常吗

表4.1和表4.2是3个月婴儿的身体发育统计数据，供参考。

表4.1　3个月时男婴的身体数据

指标	3个月时百分位数						
	3	10	25	50	75	90	97
体重（千克）	5.31	5.74	6.29	6.80	7.40	7.90	8.40
身高（厘米）	57.0	59.0	60.8	62.6	64.2	65.8	67.5
头围（厘米）	37.5	39.0	40.0	40.6	41.8	42.3	43.3
胸围（厘米）	37.5	39.0	40.2	41.5	43.0	44.5	46.0

表4.2　3个月时女婴的身体数据

指标	3个月时百分位数						
	3	10	25	50	75	90	97
体重（千克）	5.00	5.30	5.84	6.30	6.80	7.20	7.72
身高（厘米）	55.8	57.5	59.5	61.3	62.8	64.1	65.7
头围（厘米）	37.0	38.0	39.0	40.0	40.9	41.7	42.5
胸围（厘米）	36.2	38.0	39.3	40.7	42.0	43.0	44.8

3～4个月孩子的生长发育以及育儿作业

抬起头看看妈妈

曾经黑白颠倒的宝宝，终于掌握了正常的生活节奏，也终于可以真正抬起头，让妈妈看他（她）那一脸丰富的表情了。在满满的祝福中，即将迎来孩子的百日，孩子也在健康地成长。

这个时期孩子身上的变化

体重是出生时的两倍　出生后3～4个月，体重已经达到了出生时的两倍。身高大约增长了10厘米，脖子也已经能够挺直了。如果宝宝的发育没有达到这个程度，就有必要与医生交流一下孩子的生长和营养问题了。

趴着的时候，可以抬起肩膀　多数孩子都可以用肚子支

由于孩子每天都会流很多口水，所以要准备好围嘴。

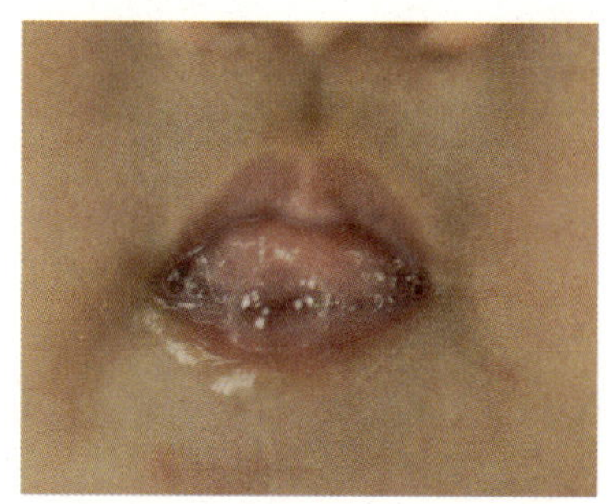

孩子的唾液腺开始发育，嘴里总是会有很多唾液，这是一种正常的表现。

趴着的时候，可以抬起头，甚至能抬起肩膀。

撑身体，抬起头，甚至抬起肩膀了。脖子也可以完全挺直。完全挺直的意思是，竖着抱的时候，头不会摇晃；躺着的时候，抓住两臂向上提，头也不会向后仰。

听到说话声，会把头转过去　在这个时期，孩子会努力想要成为社会的一员。听到别人说话声的时候，会把头转过去，望着发出声音的方向，而且很喜欢听大人说话。

不喜欢一个人待着　这个时期的孩子开始讨厌独处，如果丢下他（她）一个人，就会大声哭闹。这时，如果旁边有人跟他（她）说话，又会立刻心情转好，咯咯发笑。

情感表达更准确　随着大脑和神经的迅速发育，宝宝已经可以准确地表达出他（她）的好恶。心情好的时候，即使只有一个人，也可以玩得很好；心情不好的时候，就会发脾气，甚至是哭闹。

不吃奶也可以睡足6～8小时　3个月以后，大部分的孩子都可以连续睡6～8个小时，中间无需再吃奶。

流很多口水　孩子的唾液腺开始发育，但吞咽唾液的功能还不成熟，所以经常会流很多口水。不过，这并不会对孩子的健康有任何影响。

会说“啊”“呜”“阿咕”　这个时期的孩子，感情表达和社会性进一步发展，嘴里经常是“咿咿呀呀”地说个不停。这个时期的发音主要是单一的音节，不过偶尔也会发出连续的两个音。

这个时期妈妈要完成的育儿作业

更换奶瓶和奶嘴　在这个阶段，人工喂养的宝宝应更换奶瓶和奶嘴，一般更换S形奶嘴会比较合适。换奶瓶的原因是因为孩子长大了，每次要吃120毫升以上，所以要换成容量为240毫升以上的奶瓶。

准备好牙胶　这个时期，孩子啃咬的要求更加强烈，经常会把手指放进嘴里。牙胶能够充分满足孩子的这种要求，它既是玩具，又可以帮助孩子发育。开始的时候，可以先选择布质的产品，这对口腔刺激比较小。随着月龄的增长，可以逐步更换为橡胶、塑料，甚至是木质产品。

逐渐减少夜间喂奶 这个时期的孩子已经可以连续睡6个小时，所以最好能逐渐减少夜间喂奶的次数，尽可能不要在夜里叫醒熟睡的孩子。就算孩子夜里醒来，有些哼唧，也不要马上抱，好好照看就可以了。不过，这也并不是要让妈妈立刻断掉夜奶，而且断夜奶也并不是件容易的事。如果孩子不配合，可以先从改变喂奶节奏开始，让孩子白天多吃，晚上少吃。

准备好围嘴 要想不让口水弄湿孩子的衣服，至少要准备2～3个围嘴，并经常更换，也可以使用纱布手帕。相比之下，还是围嘴更方便一些。还有一些孩子会因为口水过多，使得嘴角发红，所以妈妈要随身携带手帕，经常帮孩子擦口水。

经常洗手 引起感冒和肠炎等疾病的病毒和细菌，最容易通过手传播。因为孩子总在吃手，所以要常给孩子洗手。另外，孩子经常咬的玩具以及妈妈的手，都要保持卫生。

尽量不要离开孩子的视线 这个时期的孩子喜欢有人陪伴，这个人最好是妈妈。孩子已经认识了经常接触到的一些人，但是见到陌生人会感到害怕，甚至会哭或者干脆扭过头去。现在，让孩子一直能够看到熟悉的人，是帮助他（她）克服陌生感的最好方法。

尽量让孩子看到笑脸 这个时期的孩子，开始有了情绪的变化，如果经常让他（她）看到一张忧郁的脸，对于孩子的情感发育会产生不良的影响。忧郁的妈妈带大的孩子，经常会出现性格孤僻的问题。所以，哪怕是为了孩子，妈妈也要让自己开心、快乐起来。

Tips 3个月暂时先不要使用学步车

孩子百日收到的礼物中，最多的恐怕就是学步车了。把孩子放在学步车里，妈妈就可以腾出两只手去做别的事情。因此，很多妈妈都把学步车当作育儿的好帮手。不过，让刚刚3个月的宝宝坐学步车，还是有些操之过急。因为这个时期的宝宝，腰部还没有发育成熟，如果现在就用学步车，翻爬等动作的发育就会延缓。专家建议，在孩子5～6个月，腰部已经基本发育成熟以后，才可以开始用学步车，但每天要控制在一个小时以内。其实，学步车真正发挥作用应该是在10个月左右，孩子基本可以站立的时候。到那个时候，孩子可以在学步车里自由走动，有助于尽快学会走路。

多学习几种和孩子一起玩的游戏 这个时期的孩子，脖子可以挺直，能够对别人的行动作出反应，终于可以玩一些更有趣的游戏了。那么，和孩子玩什么呢？除了一些室内的活动以及身体的运动，最好能多带孩子到户外，看看周围的世界。商场、超市、银行、书店、公园、游乐场等，这些地方都可以带孩子去，让宝宝看看自然，看看人。

准备百日宴 3个月零10天，就是孩子的百日了。在韩国，有举行百日宴的传统，虽然不必特别隆重，但都会精心准备。以前的百日宴上一定要有白米饭、海带汤、蒸糕。现在一般都是准备蒸糕、红豆糕、海带汤全家一起吃。

3～4个月孩子的游戏计划

这个时期的孩子很喜欢大人的陪伴。除了身体的活动，还可以在游戏中增加一些辅助的玩具。

说出周围物品的名称 可以抱着孩子，一边在房间里四处走，一边告诉他（她）各种物品的名称。可以说“这是电视机”，或者直接走到表的面前，只说“表”一个词。说完之后，还可以拉着孩子的手去摸一摸。经常重复这样的过程，孩子会逐渐了解物品的感觉和名称，有助于大脑的发育。

把躺着的孩子拉起来再放下 当孩子的脖子已经可以完全直立的时候，这是一项很好的活动。感觉和骑马差不多，不过，目前让孩子双脚着地还是有些困难。玩这个游戏的时候，最好是爸爸出马，能够保证安全，也可以把它看作是一项爸爸的专属活动。

刺激触觉的游戏 准备一些摸上去会发出各种声音的玩具，当孩子躺着的时候，引导他（她）去摸、抓、拉。

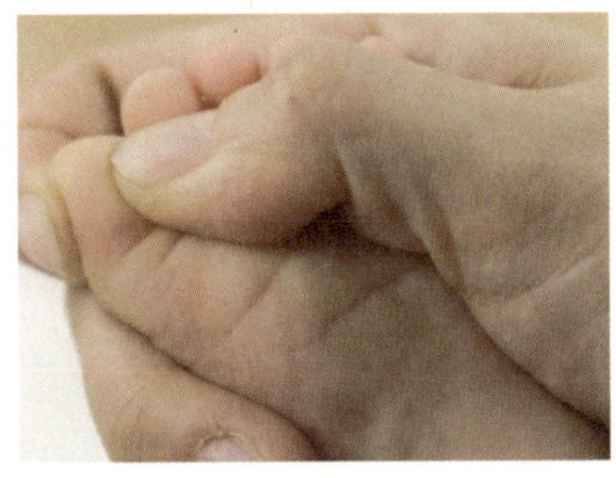

张开手的游戏 宝宝手部的抓握能力逐渐发育，已经可以用手抓住玩具。每天两三次，抓住孩子的手，然后轻搓手掌。本来孩子的手是握着拳，好像正在用力的样子，而经过这样的揉搓以后，手会慢慢打开。当孩子的手张开以后，还可以一根根活动他（她）的手指。

骑大马 这个游戏可以帮助孩子把头挺起来，并且让后背更加结实。扶住孩子的两腋下，像坐在椅子上那样，让他（她）坐在大人的膝盖上，然后上下晃动孩子，好像在骑马一样。通过这个游戏，孩子会学习如何保持身体平衡，并了解忽上忽下的感觉。

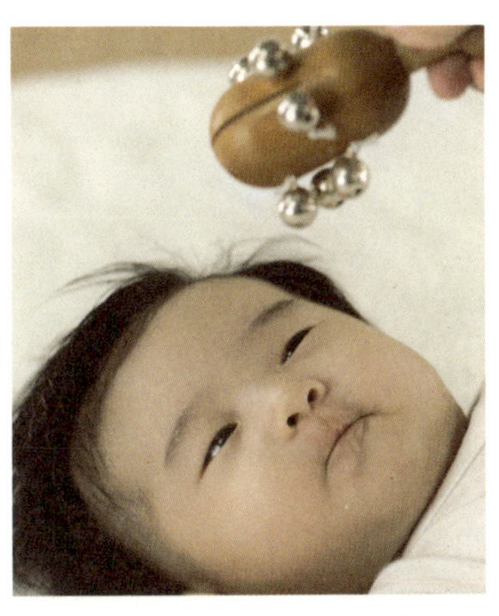

用手抓20厘米以外的物品 用一根绳子绑住一个玩具，然后悬挂在天花板上，让它下垂到孩子面前。孩子看到晃动的玩具，就会伸手去抓。也可以在他（她）面前摇晃铃铛，引导孩子去抓，还可以挂个气球在他（她）面前轻轻摇晃。如果孩子没有反应，可以拉起他（她）的手，帮助他（她）去抓。要知道，看到面前的东西，并伸手去抓，这本身就是这个时期孩子身上的一个重要变化。

关于3～4个月婴儿的问题与解答

Q　孩子似乎比其他孩子发育慢，该怎么办?

A　到了这个时期，每个孩子都会开始显现出他（她）自己固有的生长速度。有的孩子可能会迅速地增长到7～8千克，而有的孩子却一直在6千克左右停滞不前。不过，这只不过是一种生长速度的差异而已，既不必因为孩子长得快而骄傲，也不必因为孩子发育慢而着急。到了青春期的时候，有些孩子也会长得很快。妈妈所要做的是在孩子生长发育的每一个阶段，都能充分地给予必要的帮助。让孩子均衡地摄取各种营养，这一点是不用多说的。另外，还要通过各种有趣的活动，让孩子的精神、语言、社会性都能得到均衡的发展。如果孩子只是体重较轻，而营养方面没有问题的话，妈妈就完全没有为这个问题担心的必要了。

Q　孩子睡觉的时候打呼噜，这样正常吗?

A　因为孩子的鼻孔比大人小很多，所以睡觉的时候会打呼噜，这是一种正常现象。另外，如果在刮风的地方待得时间较长，喉头受到刺激，出现肿大，也会发出呼噜的声音。有感冒症状的时候，也会出现相同的情况。如果孩子只是鼻子有些呼噜声，但精神和睡眠都很好，就无需担心。如果过了3岁以后，还是经常打呼噜，而且声音很大，就要去耳鼻喉科检查一下了。因为有可能是扁桃腺发炎或者肥大。

Q　母乳似乎开始不够吃了，要添加奶粉吗?

A　一般3个月的时候是一个“快速成长期”。特别是吃母乳的孩子，会突然变得特别能吃。于是，很多妈妈会感觉，是不是自己的奶不够吃了。这时候唯一的方法就是按照孩子的需要来喂奶。如果这时候添加奶粉，孩子就会相应减少母乳的摄入量。孩子需要的母乳量，会从现在开始持续增长，一直到6～8个月能够添加辅食时达到最高潮。要想到那个时候依然有充足的母乳，就算辛苦一些，现在也必须坚持纯母乳喂养。只要妈妈没有营养不良，或是得了病，奶量会随着孩子的需要增加的。

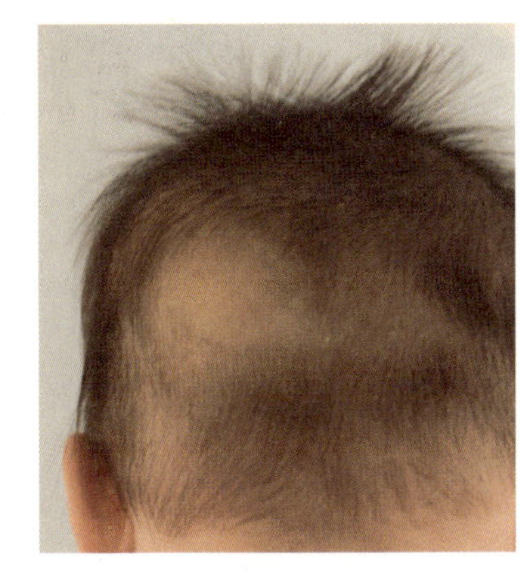

Q　孩子头上出现枕秃，怎么办?

A　到了这个时期，孩子的脖子已经可以自由转动，和枕头的不断摩擦会使后脑勺的头发开始脱落。从现在开始脱落到半岁的时候，会全部脱落干净，然后长出新的头发。当开始出现这种情况的时候，妈妈不如索性给宝宝剃个小光头。如果不给宝宝剃光头，不仅要经常打扫脱落的头发，万一头发掉进孩子嘴里，处理起来也会很麻烦。有很多妈妈认为，经常剃头，会造成秃顶。这当然是没有任何科学根据的。头发的粗细和数量是由天生的遗传特性决定的，不是剃头可以改变的。

Q　孩子何时开始长牙?

A　每个孩子长牙的时间都是不同的。通常是在满6个月以后，才会长出第一颗牙齿。不过，有的孩子3个月就出牙了，也不能说是不正常。出牙以后，孩子会感觉牙床发痒，口水增多，总想啃咬东西。一般来说，宝宝会通过咬牙胶或者吃手的方式达到按摩牙床的目的。

3～4个月孩子的一天

出生已经3个月的宝宝，终于迎来了百日。咯咯的笑声在房间里响起，在妈妈的耳朵里，这就是最动听的音乐。

宝宝姓名　江成赫
月龄　3个月
出生时体重　3.8千克
目前体重　7.5千克
分娩方式　剖宫产
喂养方式　2个月之前是混合喂养，目前是人工喂养

吃奶情况　间隔3～4个小时喂奶一次，每次100～120毫升。

大便情况　有时每天1次，有时2～3天1次。

发育情况　两个月的时候，开始“咿咿呀呀”地学说话，现在已经会发出很多声音，而且发音清晰。会专心凝视某个物体，并试图去抓住。

皮肤问题和解决对策　皮肤一直比较好，脸部略有些干，经常抹润肤露。洗澡的时候一般不用香皂。

睡眠问题和解决对策　白天的时候，常常是一个人玩着玩着就睡着了。偶尔闹觉，但只要抱一抱或是洗个澡，就会很快入睡。

我的宝贝　一般在6～7点的时候起床，然后“咿咿呀呀”地开始玩。这时候，如果旁边没有人，她会不太高兴，甚至哭闹。白天一般就是喝奶、睡觉，有时会给她听胎教时听过的英文歌。非常喜欢挂在天花板上的摇铃。照镜子的时候，会感到害羞，然后扑到妈妈怀里。

宝宝姓名　金秀仁
月龄　3个月零10天
出生时体重　3.85千克
目前体重　7千克
分娩方式　剖宫产
喂养方式　母乳喂养

吃奶情况　以3个小时为间隔喂奶。

大便情况　每天1～2次，大便颜色很正常。

发育情况　不满两个月的时候，脖子就可以挺起来了。大约两个半月的时候，学会了翻身。现在已经可以用双臂撑着，抬起胸膛。

皮肤问题和解决对策　没出现过过敏情况。不过，因为流口水的原因，脸有些发红。解决方法是随时擦，并且涂抹润肤露。

睡眠问题和解决对策　晚上8点左右睡觉，夜里要醒两次，早上8点起床。白天玩3个小时，睡1个小时。一般是吃完奶睡觉。

我的宝贝　出生时的体重是3.85千克，非常健康，刚刚两个月就会翻身了，让我们都很吃惊。会翻身以后，就开始拒绝躺着。当妈妈拿着童话书讲故事或是唱歌谣的时候，她就会安静下来，认真倾听。平时很爱笑，如果妈妈丢下她一个人去做家务，她就会不满地大哭。虽然妈妈感到很辛苦，可是看到宝宝可爱的笑容，常常会感动得想要流泪。

宝宝姓名　金喜秀
月龄　3个月零14天
出生时体重　3.79千克
目前体重　7.7千克
分娩方式　自然分娩
喂养方式　母乳喂养

吃奶情况　以2个小时为间隔，每次大约吃10分钟。

大便情况　大便比较频繁，每天4次以上，可能因为吃母乳的关系，大便比较稀。

发育情况　80天左右的时候会翻身。最近可以用手臂支撑着身体，抬起胸。经常发出“嗯嗯”的声音。姐姐跟她说话的时候，她会作出反应。

皮肤问题和解决对策　有胎热，百天以后逐渐好转。

睡眠问题和解决对策　夜里吃得不多。上午11点睡觉，玩到下午5点，5点吃奶，然后睡到7～8点。吃完奶后躺下，哄一会儿就会睡着。

我的宝贝　因为出生的时候，母乳不够，所以采取了混合喂养，但现在已完全恢复母乳喂养。间隔2～3个小时喂一次奶，每次吃大约20分钟。大便比较稀，让人有些担心。家里还有一个3岁的姐姐，她也帮了很大的忙，可以在旁边给宝宝讲一些简单的故事，因此宝宝在听、看方面的反应很快。

宝宝姓名　李汉贤
月龄　3个月零17天
出生时体重　3.66千克
目前体重　6.84千克
分娩方式　自然分娩
喂养方式　母乳喂养

吃奶情况　一天5～6次。

大便情况　相对比较稀。

发育情况　最近“咿咿呀呀”的时间越来越长，看着摇铃会发笑，自己一个人也能玩得很好。经常会盯着妈妈的眼睛看，似乎要找出什么问题的答案似的。口水很多，经常把手放进嘴里吃。

皮肤问题和解决对策　没有胎热，皮肤一直比较好。偶尔脸上会长一些小红疙瘩，不过洗澡以后，抹一些保湿品，很快就消失了。

睡眠问题和解决对策　闹觉严重，常常让爸爸妈妈感到很疲惫。开始的时候，必须抱着他到处走才能睡觉，于是买了一个摇篮。把他放在摇篮里，一边摇晃一边唱歌，10分钟左右就睡着了。

我的宝贝　最近，白天的觉越来越少，到了晚上，除了吃奶时间，其他时候都睡得很香甜。不过，还是没能养成一个良好的睡眠节奏。已经会自己翻身，想要吃奶的时候，会把身体翻向一边。经常手舞足蹈，所以换尿布会比较困难。

宝宝姓名　朴俊虎
月龄　3个月零17天
出生时体重　2.9千克
目前体重　7.2千克
分娩方式　自然分娩
喂养方式　母乳喂养

吃奶情况　每次不会吃很多，大约2～3个小时吃1次。

大便情况　大便较稀，呈金黄色，每天1～2次。

发育情况　过了百天后会翻身。手臂很有力，经常挥舞不停。

皮肤问题和解决对策　皮肤很干净。

睡眠问题和解决对策　晚上9点开始睡觉，天亮后起床，中间只醒一次，吃奶后会继续睡。

我的宝贝　出生时间比预产期提前了一个月，出生时的体重较轻，只有2.9千克，不过后来的发育都很好。满月的时候4.2千克，2个月时6.1千克，3个月时7.1千克，而且越来越漂亮，越来越健壮。过了百天以后，更加喜欢大人的陪伴。喜欢望着妈妈的眼睛，咯咯笑的样子最漂亮。

Part 05

4个月后的孩子，一切都好吗

4个月，宝宝已经到了“咿咿呀呀”的高潮期，嘴里会不停地发出各种各样的声音。虽然，此时发出的只是一些简单的音节，但是里面还是包含了高低、节奏的变化，妈妈不妨尝试着去听懂其中的含义。另外，4个月的宝宝已经可以自己翻身了，终于可以开始正视这个世界。这与之前躺在那里所看到的将会完全不同，充满了新鲜和乐趣。在这个时期，一定要对宝宝的各种要求敏感地作出反应。如果孩子的行为是为了吸引大人的注意，就赶快过去抱抱他（她）；如果他（她）想要看看妈妈的眼睛，妈妈就立刻迎向他（她）的注视；如果他（她）想说话，那么妈妈最好先说更多的话。当孩子了解到，无论自己的任何声音、任何行为都会立刻引起妈妈的反应时，他（她）会觉得自己受到重视，会感觉很幸福。

宝宝发育正常吗

表5.1和表5.2是4个月婴儿的身体发育统计数据，供参考。

表5.1　4个月时男婴的身体数据

指标	4个月时百分位数						
	3	10	25	50	75	90	97
体重（千克）	6.00	6.50	7.00	7.56	8.10	8.68	9.26
身高（厘米）	59.6	62.0	63.6	65.3	66.9	68.2	69.9
头围（厘米）	39.0	40.2	41.0	42.0	42.9	43.8	44.5
胸围（厘米）	38.4	40.0	41.0	42.7	44.0	45.7	47.3
体重（千克）*	5.99	6.43	6.90	7.45	8.04	8.61	9.20
身高（厘米）*	60.3	61.7	63.0	64.6	66.2	67.6	69.0

注：*为“中国0～18岁儿童青少年身高、体重百分位数（2005年）”。

表5.2　4个月时女婴的身体数据

指标	4个月时百分位数						
	3	10	25	50	75	90	97
体重（千克）	5.60	6.04	6.51	7.10	7.60	8.14	8.72
身高（厘米）	59.2	60.7	62.3	63.8	65.3	66.7	68.5
头围（厘米）	38.4	39.3	40.1	41.0	41.9	42.8	43.6
胸围（厘米）	38.0	39.0	40.2	41.8	43.0	44.5	46.4
体重（千克）*	5.55	5.93	6.34	6.83	7.37	7.90	8.47
身高（厘米）*	59.1	60.3	61.7	63.1	64.6	66.0	67.4

注：*为“中国0～18岁儿童青少年身高、体重百分位数（2005年）”。

4～5个月孩子的生长发育以及育儿作业

用"咿咿呀呀"声表达情感

在这个时期，孩子的个体差异逐渐加大。有的孩子已经可以翻身，甚至开始匍匐向前爬，而有的孩子却连翻身都还不会。不过，不用特别担心，每个孩子都会按照自己的发育速度成长。

这个时期孩子身上的变化

每天"咿呀"个不停　会更准确地对大人的声音作出反应。无论是哪里发出声音，宝宝都会把头扭过去，好像要找出说话的人似的。偶尔会发出"咯咯"的笑声。5个月以后，已经可以发出一些准确的音节了。

翻身　满4个月的宝宝，有90%可以把脖子挺直了。躺着的时候，还会扭动身体，想要翻过来。开始的时候，会抬起一边的手或肩膀，然后转动身体，尝试几次不成功后，会重新躺下。不过，过不了多久，宝宝就可以自己翻身了。翻过身趴着的时候，会手脚并用，这是在为爬行做准备。孩子的运动发育是按照翻—坐—爬的顺序进行的。

可以区分远处的物体，可以区分颜色　这时候的宝宝已经能够完全看清楚近距离的物体，甚至还可以准确区分远处的物体。随着视力的发育，宝宝的活动区域也越来越大。

躺着的时候，努力转动身体，想要翻身。

翻过来以后，会在趴着的状态下抬起四肢，这是在为爬做准备。

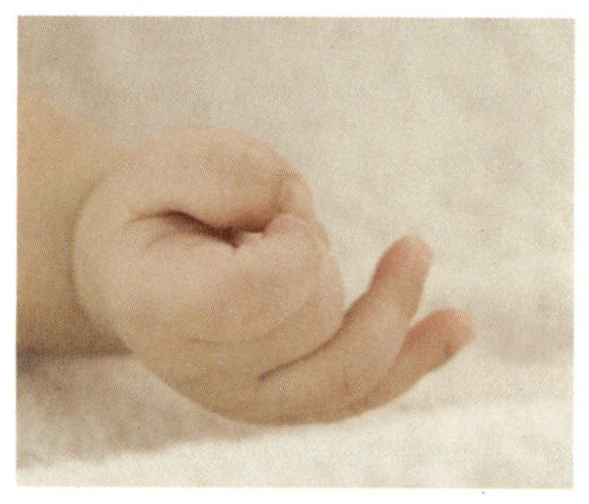

把拇指从小拳头中伸出来，抓东西的能力提高很多。

开始怕生 怕生，与孩子视力和记忆力的发育都有着很大的关系。只有到了能从一群人中认出妈妈，能够记住谁是谁的时候，才会出现怕生的情况。孩子可以认出这是陌生的地方和陌生人，并会对爸爸、妈妈以及其他人作出不同的反应。

伸手抓远处的玩具 这个看上去很简单的动作，其实需要手眼协调，并且腿部的肌肉足够发达才能实现。因为孩子已经具备了感知距离的能力，所以能够看清楚正在向他（她）伸过来的物体，并且可以把手伸向这个物体。发育快的孩子，已经可以把玩具从一只手交到另一只手里。

把大拇指从拳头中伸出来 可以分开手指并让大拇指完全伸出来。4个月的宝宝已经不再把整个拳头放进嘴里，而是只吸吮大拇指。大拇指伸出来以后，宝宝的拳头不再握得那么紧了，可以抓住跟手大小差不多的玩具，还可以用拇指和食指捏起细小的物品。

开始用哭吸引妈妈的注意 这个时期的宝宝已经开始知道在肚子不饿、身体也没什么不舒服的情况下，用哭来吸引妈妈的注意了。对孩子来说，哭是唯一的表达方式。这时候，孩子的哭声里所蕴含的意思很简单，就是“我想出去玩”“好无聊呀”“来和我玩吧”。

重复感兴趣的动作 当宝宝知道每次手碰到摇铃，摇铃就会晃动的时候，他（她）会对这个动作表现出浓厚的兴趣，并且一直重复去做。

模仿声音 这个时期的孩子，已经具备了模仿别人声音的能力。当孩子“咿咿呀呀”的时候，如果父母也跟着一起发声，孩子会发出跟父母一样的声音，这是因为他（她）已经有了区分声音差别的能力。

可以在大人的帮助下坐了 4个月的宝宝已经可以在大人的帮助下坐了。用手轻轻撑住他（她）的后背，孩子就可以坐在父母的膝盖上了。

出现自我意识　4个月的孩子，已经开始认识到，自己是一个与父母不同的独立个体。他（她）会仔细观看镜子里自己的样子，表现出兴奋和喜欢的样子。

这个时期妈妈要完成的育儿作业

帮助孩子学会翻身　把孩子翻过身来，揉揉他（她）的小屁股或者拿掉尿布，把他（她）放在温暖的毯子上，来回翻滚。这些运动会让孩子的四肢肌肉更加结实，并促进运动能力的发展。

多跟孩子说话，特别是在他（她）“咿咿呀呀”的时候　孩子开始“咿咿呀呀”以后，妈妈要跟他（她）多说话。孩子发出的每一个声音，其实都是在跟妈妈说话。把握好这个时期，对于以后的语言发育会有很大帮助。

把玩具放在孩子伸手可以够到的地方　为了让孩子伸手能够到，可以给婴儿床布置各种装饰，还可以改变床的位置，在墙上挂上图画等。不过，这个时期的孩子会用嘴去探索一切，最好选用入口无害的材料。

准备一些会发出声音的玩具　具有丰富的形态以及会发出各种声音的玩具，可以促进孩子的触觉、视觉和听觉的发展。倒下又起来、同时还能出声的不倒翁，按下去就会响起音乐的玩具钢琴，会发声的娃娃，都是比较合适的玩具。这个时期的孩子，对声音很敏感，当听到玩具发出声音，会扭头过去看并作出反应，即使玩具并不在他（她）的视线里也没关系。特别是能一边发出声音，一边缓慢移动的玩具，可以有效地刺激孩子的运动能力。把孩子翻过身来，然后在他（她）前面放一个会动的玩具，孩子就会手脚并用，向前爬去追赶玩具。

还不用正式添加辅食　这个阶段仍然应该以母乳或奶粉作为主食，不必着急添加辅食。特别要提示的是，不要让孩子先喝果汁，添加辅食最好是从米粉类的谷物开始。

使吃奶睡觉的时间规律起来　这个时期的孩子，一般白天要睡三次觉，然后吃完奶后，夜里可以连续睡12个小时。尽量让孩子的生活形成规律，在固定的时间洗澡，在相同的地方睡觉，晚上也不要玩得太晚。

让孩子抓拿和抚摸物品

4～5个月孩子的游戏计划

能和宝宝一起玩的游戏越来越多了。那么，哪些活动既能让宝宝觉得有趣，又有助于宝宝的运动能力、感觉以及情感的发育呢？

趴着的时候横着翻过来 把孩子翻过身来，在他（她）面前放一个喜欢的玩具，然后逐渐把玩具转到孩子的头后面，孩子会用眼睛追逐着玩具，然后就会横着翻过来。如果孩子做不到，可以把他（她）的身体向旁边转，让他（她）靠自己的力量翻过来。

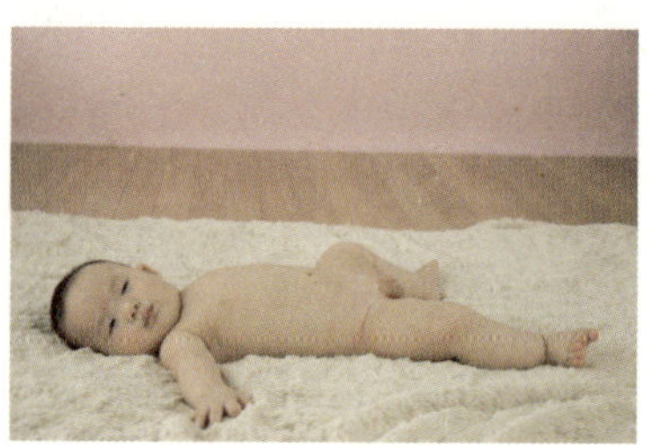

抓摇铃 把摇铃挂在孩子伸手可以够到的距离。孩子一般会想要抓到附近的物品，而不会对后边的东西发生兴趣。这是因为孩子已经明白，那是他（她）根本够不到的地方。这也意味着，孩子已经具备了准确认识和理解事物的视觉能力。

听歌 孩子都能够感觉并记住旋律。如果反复播放一些简单的古典音乐让孩子听，他（她）就会记住这个旋律，并作出反应。每天安排20～30分钟的音乐欣赏时间，对孩子的乐感发展会非常有帮助。

模仿大人的声音 当妈妈发出“啊”的声音时，孩子也会跟着发出一声“啊”。可以在孩子面前重复吹口哨、拍手、拍脸、呼吸等声音，还可以发出一些准确的音节，再给孩子一些时间让他（她）模仿。通过这种方式，孩子会学会发多种声音。

照镜子　宝宝都会很喜欢照镜子。他（她）不仅会注视镜子里的自己，还会伸手想要去抓。可以抱着孩子站在镜子前，然后呼唤他（她）的名字。孩子会先留意镜子里的自己，然后看到镜子里还有妈妈，就会笑了。

小飞机　先让孩子趴在妈妈的膝盖上，然后托住他（她）的腋下，向上提起，嘴里同时发出有节奏的“飞啦，飞啦”和“呜呜”的声音，孩子会非常喜欢这种玩法。要注意的是：不要把孩子抓得太紧，也不要突然把孩子提起来。

看东西　形态、颜色、大小不同的各种物品，都会刺激孩子的好奇心。拿一件东西在宝宝眼前移动，宝宝的目光也会随着东西一起移动。这种目光随着物体运动的能力，会随着时间而得到提高。在玩这个游戏的时候，还可以突然把东西藏起来，然后观察孩子会作出什么反应。

拍手　这个游戏可以培养手的运动能力以及调节能力。妈妈抓住宝宝的两只手，把他（她）的手掌展开。一边唱歌，一边有节奏地拍手。因为宝宝还不能完全展开手掌，所以妈妈要帮忙把他（她）的手掌打开，然后拍在一起。

抓东西　让宝宝坐在妈妈膝盖上，把他（她）喜欢的物品，比如奶瓶、皮球等，放在宝宝伸手可以够到的地方。如果宝宝没有主动伸手去抓，则可以把东西再往他（她）面前移一点，吸引宝宝的注意，让他（她）去抓。看到各种各样的物品，然后伸手去抓，这本身就是一个很有趣的游戏。

Tips 和孩子一起玩的时候要注意什么

不要把宝宝扔向空中。因为宝宝的大脑还比较柔软，如果把他（她）抛向空中，有可能会造成脑损伤。就算孩子喜欢，也不能玩得太出格，如果孩子不喜欢，就要立刻停止。在玩一个新游戏的时候，要慢慢引导，不要让孩子感到害怕，甚至受到惊吓。比如和孩子玩挠痒痒的时候，一定要掌握好尺度，千万不能对孩子造成伤害。

4～5个月孩子的一天

4个月的宝宝，已经可以明确地把妈妈和其他人区分开来，并且开始知道怕生了。注视着妈妈眼睛的时候，会发出咯咯的笑声。

宝宝姓名　申温友
月龄　4个月
出生时体重　3.01千克
目前体重　6.5千克
分娩方式　自然分娩
喂养方式　母乳喂养（只在外出的时候吃一次奶粉）

吃奶情况　每天6～7次。

发育情况　比标准身高略高，体重则略轻。

皮肤问题和解决对策　没有。

睡眠问题和解决对策　很乖，几乎从不闹觉。

游戏时间　抚摸宝宝的身体，跟他说话；推着婴儿车去散步；给他看一些布书和撕不破的纸书，给他讲故事。

我的宝贝　喜欢各种各样的声音，当妈妈说话的时候，他脸上会做出许多丰富的表情。经常打嗝和打喷嚏。虽然还不是特别怕生，但是当第一次见面的人跟他说话，对他笑的时候，他会皱起眉头，认真看一会儿，然后就把头扭过去。如果去别人家玩，对于陌生的环境，他会有些紧张，脸上没有笑容。

宝宝姓名　郑雅英
月龄　4个月
出生时体重　3.18千克
目前体重　6.9千克
分娩方式　剖宫产
喂养方式　母乳喂养

吃奶情况　每天9～10次。

发育情况　手脚灵活。每天都在认真地咿呀学语，经常面带微笑，有时还会笑出声。递给她一个铃铛，会用手攥住。会把两腿伸直，把头转向有声音的方向，目光会随着物体移动。很喜欢攥拳头，现在只要伸给她一根手指，她就会立刻攥住。掉发情况严重，特别是后脑勺，已经露出一部分头皮了。

皮肤问题和解决对策　常流口水，因此一边脸有些粗糙。洗澡后抹保湿产品，白天也会随时涂抹。

睡眠问题和解决对策　夜里睡得很好，哄她睡觉的时候，愿意让妈妈竖着抱，还要妈妈唱歌。

游戏时间　和她说话；抱着唱歌；摇铃铛；看布书。

我的宝贝　她好像已经记住了自己的名字，当我们叫"雅英"的时候，她就会一边笑，一边手舞足蹈地要求抱。喜欢摇铃铛。妈妈不在身边的时候会哭，所以妈妈做饭的时候，有时会让她躺在厨房的地板上。在摇铃上拴一根绳子，系在手或者脚上，只要她一动，摇铃就会发出声音，她非常喜欢。

宝宝姓名　南孝贞
月龄　4个月零8天
出生时的体重　3.06千克
目前体重　8.5千克
分娩方式　自然分娩
喂养方式　母乳喂养

吃奶情况　每次间隔3～4个小时，每次吃奶需30分钟左右。

发育情况　百天的时候会翻身。

皮肤问题和解决对策　没有任何皮肤问题。

睡眠问题和解决对策　晚上9点开始睡觉，凌晨2点醒一次，吃过奶后继续睡，早上6～7点起床。

我的宝贝　百天的时候开始会翻身，现在正在练习抬起小屁股，挪动着向前。一周大便2次，从2个月的时候开始，每周喂2次干梅子汁帮助消化，不过到目前为止还没有明显效果。最近越来越爱说爱笑，和她在一起，常常会让人忘记时间。夜里经常醒，要找妈妈吃奶。打算减少夜里的喂奶次数，不过好像不太容易。

宝宝姓名　郑民载
月龄　4个月零9天
出生时的体重　2.6千克
目前体重　6.5千克
分娩方式　剖宫产
喂养方式　人工喂养

吃奶情况　间隔4个小时吃一次，每次160毫升。

发育情况　百日时学会翻身。躺着时喜欢手舞足蹈。

皮肤问题和解决对策　完全没有问题。

睡眠问题和解决对策　晚上可以哄着让他自己睡。一般晚上9～10点入睡，第二天早晨5点左右醒，喝奶后继续睡到早上8点。

游戏时间　和妈妈玩“开飞机”游戏，最喜欢的歌是《一闪一闪亮晶晶》。只要听到歌声，就会马上安静下来。

我的宝贝　已经开始添加辅食。他很喜欢红薯粥和儿童果汁。照镜子的时候会笑，听到妈妈喊自己名字的时候，会看着妈妈露出笑容。

宝宝姓名　金辉英
月龄　4个月零20天
出生时体重　4.2千克
目前体重　7.5千克
分娩方式　剖宫产
喂养方式　人工喂养

吃奶情况　间隔4个小时一次，每次200毫升，大约5次。

发育情况　会拱起小屁股，向里边翻。给她唱歌或是玩藏猫猫的游戏时，会发出“啊——啊——”的声音，而且笑得很开心。口水很多，无论什么东西都会放进嘴里咬。

皮肤问题和解决对策　没有什么特别的问题，不过感觉脸部皮肤比较薄。

睡眠问题和解决对策　睡觉之前要吃一次奶，然后在10点左右让她躺下，盖上被子，哄一会儿就能睡着。一般可以睡到早上6点。

游戏时间　用双手遮住脸玩藏猫猫游戏，和哥哥玩捉迷藏（当然是和妈妈一拨）。

我的宝贝　看着她拱起小屁股的样子，说不定以后可以成为一个摔跤运动员呢。有一天她正在床上睡午觉，“咕咚”一声掉到了地上。从那以后，就只让她在地板上睡了。很喜欢咬牙胶，口水很多，虽然不停地擦，可不一会儿就又流了很多。当被陌生人抱的时候，会哭出声来，只要妈妈一抱过来，就会立刻停止。放到学步车上，可以独自坐着玩一会儿了。

Tips 轻微感冒不必去医院

6个月以后，随着来自母体的免疫力下降，孩子患感冒的几率有所增加。因此，最好能提前了解一下初期感冒的处理方法。

穿轻薄的衣服　在感冒初期，如果孩子只有轻度的发烧，可以给孩子穿一些轻薄的衣服，这样可以帮助身体散热。不要忘记经常通风，保持室内空气新鲜。

喝一些温的大麦茶，把奶粉冲得稀一些　如果孩子发热，最好能提供给他（她）足够的水分。喝一些温的大麦茶，或是把奶粉冲得稀一些，都是不错的方法。

用酒精按摩　最好能按照要求，把温水与酒精混合后给宝宝擦身。但要注意方法，如果只用酒精，酒精会迅速挥发，反而加重感冒症状。

4～5个月孩子的按摩

宝宝的身体越来越结实，也越来越有力。从现在开始，可以为宝宝进行按摩，或者帮助他（她）做一些能够活动四肢的体操。

按摩的效果

1 有助于母亲与孩子之间信任关系的形成。

2 当孩子情绪烦躁的时候，按摩可以很快让他（她）平静下来。有研究显示，按摩可以减少体内压力激素的分泌。

3 有助于缓解孩子的便秘。

4 可以稳定孩子特定时期的烦躁情绪，例如出牙期。

5 让四肢肌肉放松，促进孩子运动能力的发展。

什么时候进行按摩

最好的按摩时间应该是两餐之间。孩子刚刚吃完奶或者饿的时候，最好不要进行按摩。睡觉之前和洗澡以后，也是适合按摩的时段。因为这时候，孩子的身体会很放松，能够自然地舒展开来。白天，当家里只有妈妈和宝宝在的时候，也很适合进行按摩。按摩的时间要控制在5分钟左右，如果按摩期间孩子感觉累了，就要马上停止。另外，在进行免疫接种的当天，也不要按摩。

按摩前的准备

1 让房间保持一个合适的温度，关上房门，制造一个只属于妈妈和宝宝的空间。最好把电视关掉，以免影响孩子的注意力。

2 妈妈洗干净双手，摘掉手上的饰物。

3 把双手搓热，以免在接触到孩子皮肤的时候，让孩子感到凉。

4 使用宝宝润肤油或润肤露，特别是当孩子皮肤比较干燥的时候。

5 在床或地板上铺一块柔软的毯子，把孩子的衣服全部脱掉，最好把尿布也拿掉。

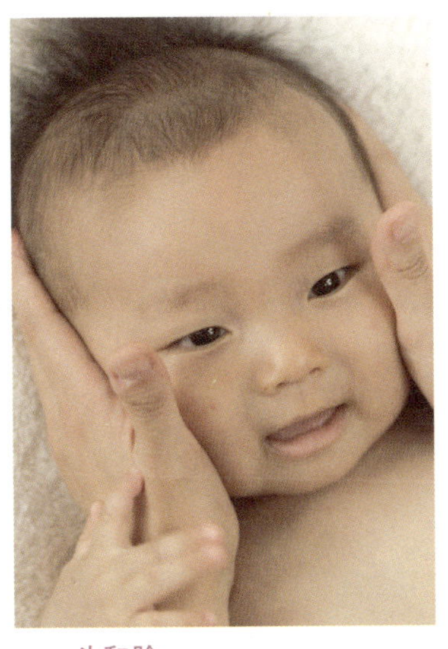

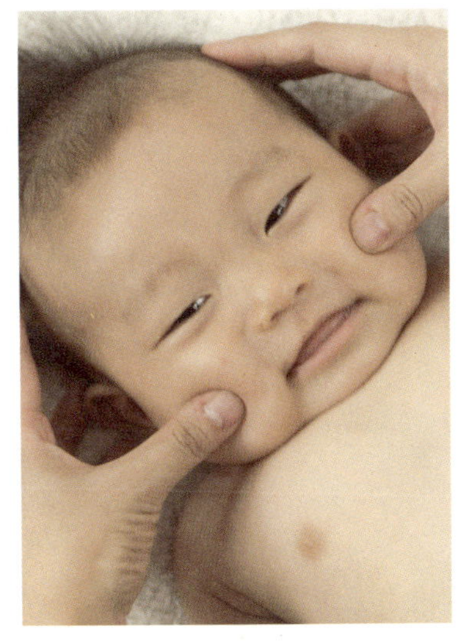

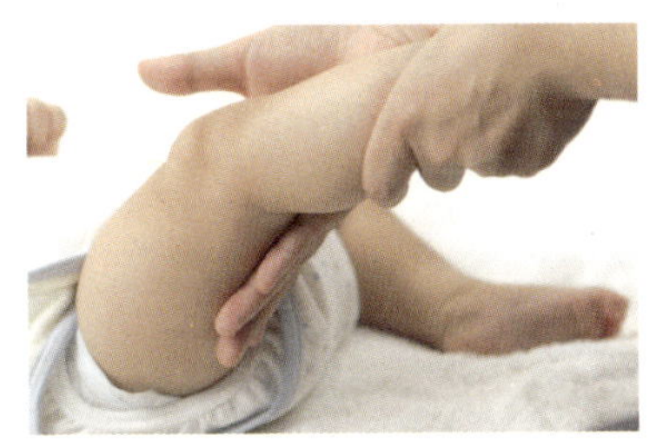

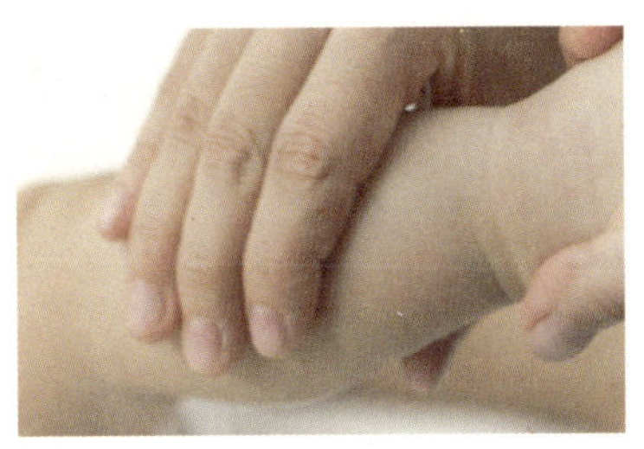

头和脸

1 可以先用指尖轻按宝宝的头，这样可以缓解他（她）的紧张情绪。然后用拇指活动宝宝的上下嘴唇，将两个嘴角向上拉，作出微笑的样子，剩余的手指向上按摩宝宝的头，然后再按摩宝宝的两侧脸颊。

2 轻柔地按摩额头，顺序是额头中央—眉毛—脸颊—耳朵。

腿

1 抓住孩子的一只脚，另一只手托住孩子的屁股，把腿拉直，再放下。

2 用一只手握住孩子的脚踝，轻轻地拉伸整条腿。

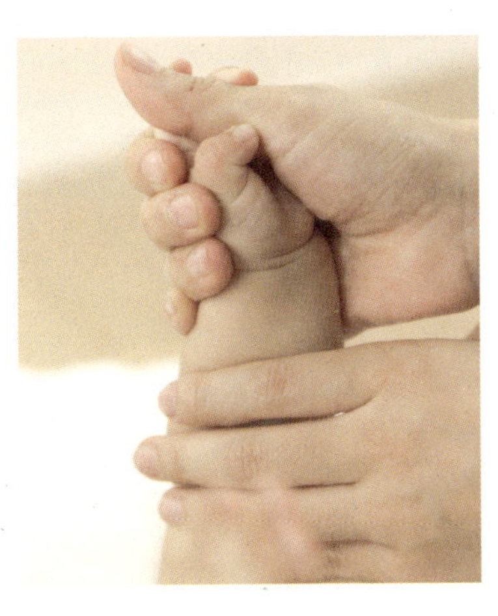

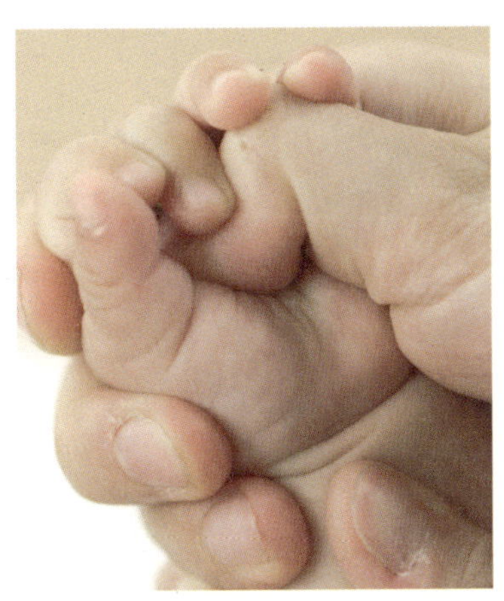

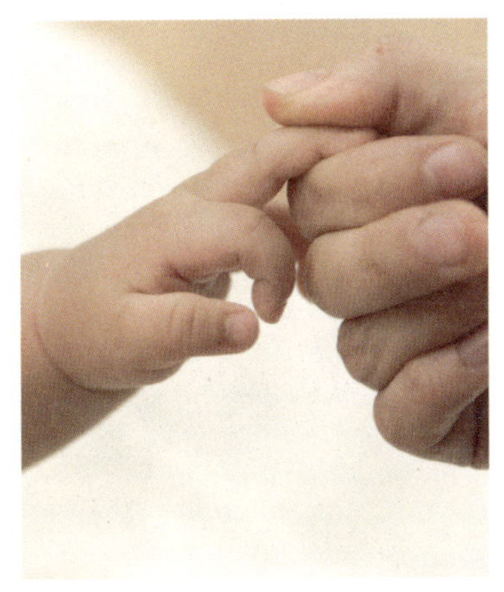

胳膊和手

1 两只手同时抓住孩子的一只胳膊，然后用一只手从下向上按摩孩子的手臂，再从上向下按摩。

2 轻轻打开孩子的手掌，用整个手掌揉搓孩子的手掌，用拇指轻按孩子的掌心。

3 让孩子躺着，然后用拇指和食指逐个拉伸孩子的手指。对孩子的另一只手也做同样的动作。

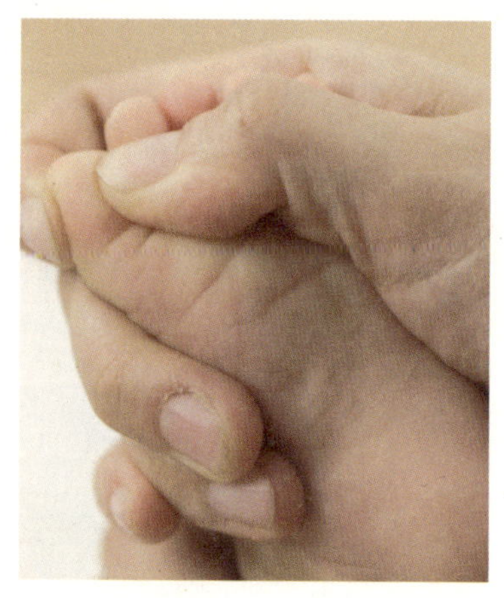
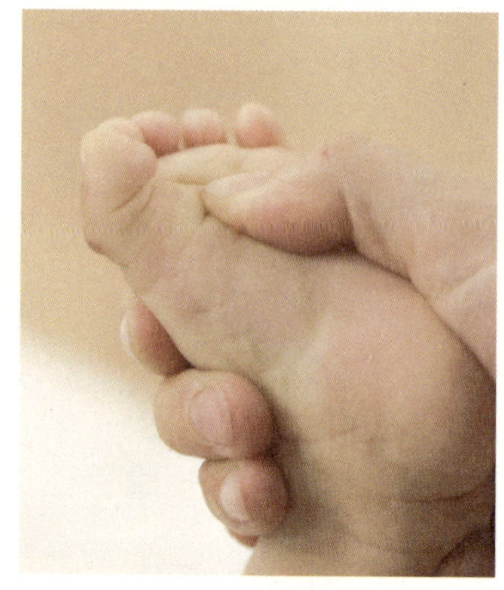
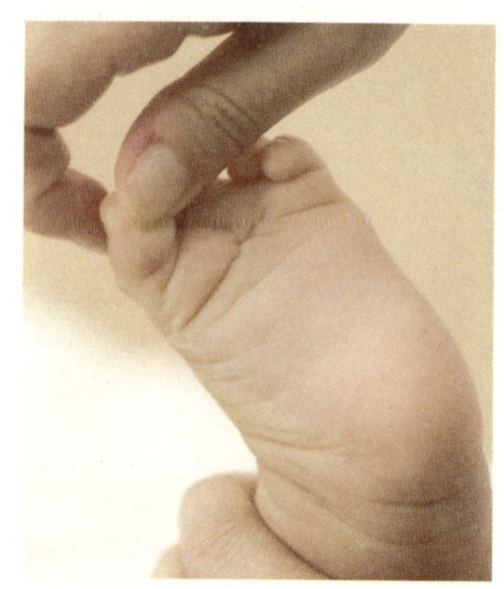

脚

1 轻轻按摩孩子的脚尖，然后用拇指和食指按捏他（她）的每个脚趾。

2 用拇指按摩孩子的脚掌。

3 用手指轻轻拉伸孩子的每个指甲。

肚子

把双手放在孩子肚子上，从中央向外边轻柔地按压。这时候，可以按摩一下孩子肋骨部位，然后再回到中央，对孩子胸部进行按摩，可以采用画心形的手法按摩。

关于4～5个月婴儿的问题与解答

Q　宝宝已经4个半月了，最近体重没怎么增加，目前是8.3千克。吃得不多，要不要晚上把他叫醒吃奶?

A　宝宝到4个月的时候，体重一般会达到出生时的两倍，此后生长速度就会放缓。如果出生的时候是3.5千克，现在8.3千克，表明宝宝发育情况很好。这个时期，孩子每天的奶量是150毫升/千克体重。如果孩子每天都可以轻松地吃1000～1200毫升奶，就没有问题。母乳喂养的孩子，如果每天有6次以上小便，就说明奶量是足够的。当然，如果吃得不多，体重也没有增加，就要怀疑是否患上了贫血或是结核病。当然，这种情况很少见，而且患其他慢性疾病或消化性疾病的几率也很低。另外，如果孩子在夜里可以睡足8个小时不醒，就不要把他（她）叫醒吃奶。

Q　5个月的宝宝头皮上得了脂溢性皮炎，想了很多办法都没有效果。出现这种情况的原因是什么?哪种治疗方法最好?

A　孩子头皮角质脱落之后出现红色的脂溢性皮炎，目前发病原因还不太清楚，一般涂抹一些儿科医生开出的类固醇类药膏就可以了。这种药膏会通过皮肤血管吸收，对缓解症状有很好的疗效，不过不宜涂抹过多。如果孩子经常挠头，甚至把头挠破，而且这种情况反复出现，这时就要使用药膏。往孩子头上抹药膏的时候，可以先点几点，然后涂抹开，再轻轻按摩，这样有利于吸收。20分钟后，把孩子的头洗干净。如果5天以后症状没有好转，而且脸或身上也出现了相同的症状，就要去医院就医了。因为有可能是银屑病等其他皮肤病。

Q　孩子突然哭得很厉害，为什么会这样?

A　大部分的孩子，当把他（她）抱在怀里哄的时候，就会停止哭闹。不过，也有些孩子不喜欢被触摸身体，拒绝用背带把他（她）绑在背上。这是因为孩子对触摸行为比较敏感或者对周围环境的好奇心越来越强烈。总之，如果孩子不喜欢这样抱，那就换种姿势。有时候，打开吸尘器或是电风扇，会对孩子的哭闹起到一定的镇定作用。

Q　百天之前，宝宝都是从夜里12点睡到早上7点，可现在觉变得越来越少，凌晨3～4点的时候肯定会醒一次，该怎么办呢?

A　5个月的孩子经常会出现入睡困难，睡着后又很容易醒的情况。因为这个时期的孩子睡觉相对比较轻，经常会做梦，还会对外界刺激作出敏感的反应。这个时期的孩子在刚入睡的1～2小时中，会经常出现哭闹或翻身的情况。而且一旦醒来以后，自己无法再入睡，必须要有人陪在身旁哄他（她）才能继续睡。大部分孩子只要轻轻地拍一拍，摇一摇，抱着走几步就可以睡着了，也可以给他（她）含上安抚奶嘴或是喝一点水。要想防止孩子总是这样醒过来，在睡前尽量不要让孩子太兴奋，最好也不要让他（她）吃东西或是看电视。和大人一样，孩子在睡觉之前，也需要一个缓解紧张情绪的时间。

Part 06

5个月后的孩子，一切都好吗

5个月的宝宝，已经开始学习爬了。妈妈稍不留心，宝宝可能就会把一些不该吃的东西放进嘴里，或者摸一些不能摸的东西，甚至会爬到放电源插座的地方或者是从床上掉下来。所以，妈妈必须提前预料到可能会发生的安全事故，并想好对策。这个时期的宝宝，力气越来越大，身体也长得很快。到5个月的时候，妈妈一定要明确，自己的宝宝已经成长为一个独立的人了，宝宝自己的想法越来越多，而且会努力满足自己的要求。当宝宝想要什么东西的时候，不要马上给他（她），要让他（她）自己去想办法。对宝宝来说，这也是一种很好的学习。

宝宝发育正常吗

表6.1和表6.2是5个月婴儿的身体发育统计数据，供参考。

表6.1　5个月时男婴的身体数据

指标	5个月时百分位数						
	3	10	25	50	75	90	97
体重（千克）	6.40	6.80	7.38	7.90	8.50	9.20	9.60
身高（厘米）	61.0	63.3	65.2	67.0	68.7	70.3	71.9
头围（厘米）	40.0	40.8	41.8	42.9	43.8	45.0	46.1
胸围（厘米）	39.8	40.8	42.0	43.2	44.8	46.5	48.0

表6.2　5个月时女婴的身体数据

指标	5个月时百分位数						
	3	10	25	50	75	90	97
体重（千克）	5.99	6.44	7.00	7.50	8.00	8.55	9.13
身高（厘米）	60.6	62.3	64.0	65.8	67.5	69.0	70.4
头围（厘米）	39.0	40.0	41.0	42.0	42.8	43.8	45.4
胸围（厘米）	38.7	39.9	41.0	42.5	43.7	45.1	47.2

5～6个月孩子的生长发育以及育儿作业

新手妈妈的育儿妙招

现在的宝宝已经可以熟练地翻身了，下面要做的就是自己爬到想去的地方。此时孩子的活动空间越来越大，妈妈一定要消除家里的安全隐患。

这个时期孩子身上的变化

喜欢翻滚　现在的宝宝已经能够完全把头挺直，并且熟练地翻身了。宝宝趴着的时候，还可以用双臂支撑起上身，他（她）很喜欢这种姿势。

开始学习爬　已经会翻身的宝宝，下一步要学习的就是爬了。开始的时候，宝宝先晃动手脚，然后慢慢地把脚向后推，身体向前倾，双臂用力，手掌扶地，同时肚子也一起用力，身体就会一点点往前移。匍匐是爬行的前奏，不过，有的孩子没有经过这个过程，直接就会爬了。

会用整个手掌抓东西　宝宝可以松开拳头，分开手指，用整个手掌去抓东西了。如果

用整个手掌抓东西。

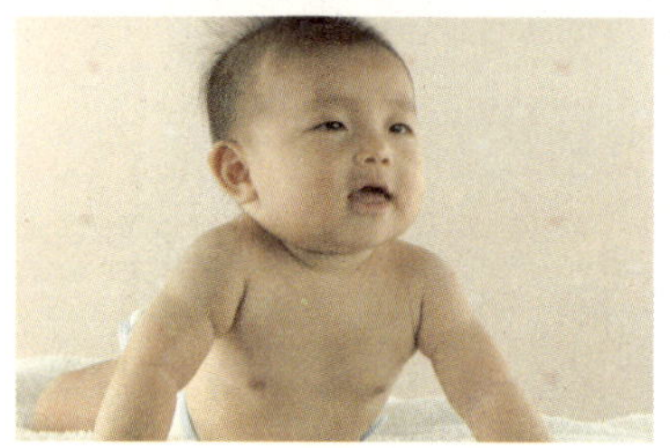

开始学习爬向想去的地方。

宝宝现在还不能张开手指，就要特别注意了，这可能是出现了发育迟缓的情况。

摇铃铛 宝宝会抓起铃铛摇晃，让它发出声音。之所以摇铃铛，是因为宝宝已经知道铃铛会发出声音。宝宝已经开始了解到自己的行为与结果之间是有关联的。

好奇心增强 虽然孩子还不能随意活动身体，却已经对自己感兴趣的事物不懈地探索了。无论拿到什么，他（她）都会放进嘴里。孩子用手或嘴探索某一事物的动作虽然很短暂，但却是精神高度集中的时刻。

发出各种声音 宝宝在这一时期更加喜欢发出各种各样的声音，偶尔还会发出一些略为复杂的音节。当孩子发出这些声音的时候，如果有人在旁边模仿，他（她）会非常高兴。

喜欢关注小东西 对小东西的关注，是宝宝认知能力发展的结果。用硬币或是小玩具来吸引宝宝的注意力，他（她）会表现出浓厚的兴趣。

追逐大人的视线 宝宝会把视线转向妈妈正在看的方向，和妈妈一起观看同一个物体或是同一个动作。这是语言能力和学习能力发育的一个重要里程碑。

发育快的孩子已经开始出牙 通常，6个月到1岁之间是宝宝长乳牙的时期。发育快的孩子可能会在5个月的时候就长出第一颗牙齿了。长牙的时候，孩子会特别喜欢咬东西，而且口水很多，会更频繁地吃手指，这都是正常现象，妈妈不必过分担心。

Tips 添加辅食前的准备工作

宝宝满6个月以后，就应该添加辅食了，妈妈们要提前做好各方面的准备。因为这个时期宝宝需要的辅食量比较少，所以最好能准备宝宝专用的器具。制作辅食要准备刀、研磨碗、榨汁机、小锅、菜板等。其中特别是菜板、研磨碗、榨汁机等，必须要单独准备。因为细菌很容易附着在刀痕处，所以必须要准备一个新的菜板给宝宝专用，而且这个菜板要经常消毒，保持干净。

这个时期妈妈要完成的育儿作业

孩子精神集中的时候，不要打扰他（她） 这个时期，孩子的好奇心越来越强，当看到一个新鲜的事物时，他（她）会毫不犹豫地用手和嘴进行探索。这时候，妈妈要让孩子充分完成这个过程。当孩子独自玩的时候，妈妈可以不参与，这样有助于让孩子精神集中，使孩子具备一定的独立性，而且还能培养孩子主动学习的能力。当孩子完成了探索的过程，开始环顾四周的时候，妈妈可以凑过去，和宝宝一起继续研究刚才他（她）感兴趣的那件东西。

做好添加辅食的准备 如果当大人吃饭的时候，孩子表现得越来越有兴趣，而且没有什么过敏症状，就可以为孩子添加辅食做准备了。除了要准备好制作辅食的食材、工具、器皿等，还要学习如何制作辅食。

把房间打扫干净，拿走一切危险物品 当孩子可以到处爬的时候，就必须要给他（她）准备一个足够安全的空间，让他（她）的好奇心得到充分满足。要拿走一切孩子可能碰到的危险物品，还要随时擦干净地板，以免孩子吃进灰尘。

预防安全事故的发生 这个时期宝宝最容易出现的安全事故就是吃进异物，或是从高处摔下来。当孩子一个人躺在床上或沙发上的时候，妈妈一定要特别小心，不要离开他（她）。另外，在孩子翻身后手能接触到的地方，只能放置玩具，而不能有其他物品。驱蚊液、油墨印刷的报纸杂志、生锈的铁皮玩具等都含有有害物质，妈妈要特别注意，尽量不让孩子接触到。

放手让孩子独自活动 当孩子想要拿东西的时候，尽量让他（她）自己去做，妈妈只要在旁边小心照看就可以了。可以在孩子周围放置其喜欢的物品或者玩具，以吸引他（她）多做运动。在地板上多扔几个枕头或垫子，也是不错的方法。

多使用拟声词和拟态语 妈妈在说话的时候，多使用一些拟声词和拟态语，会很容易吸引孩子的注意，孩子听到这样的声音，也会很高兴。当皮球滚走的时候，可以说“骨碌碌骨碌碌地滚走了”，抱孩子的时候，可以说“高高，高高——”。

帮助孩子向前爬 妈妈要利用一切机会帮助宝宝学习爬。把孩子的身体翻过来，扶起小屁股，交替推动他（她）的膝盖和脚。给孩子这种刺激，可以让他（她）了解到怎样用双手和双脚平衡身体。

逐渐戒除夜奶 这个时期的孩子夜里不吃奶会睡得更好，所以最好能戒掉夜奶。而且，宝宝夜里吃奶的习惯，也会让爸爸妈妈感觉很疲惫。可以在孩子吃饱一次以后，拉长两次吃奶的时间间隔，当孩子夜里醒来的时候，可以拖延一下时间再作出反应。刚开始戒夜奶的时候，可以用大麦茶来代替牛奶或母乳。

5～6个月孩子的游戏计划

孩子刚刚开始会爬，这个时期的游戏最好既能充分满足宝宝的好奇心，又有助于运动能力的发展。

匍匐向前 让孩子趴在地板上，让孩子用双臂支撑住身体，然后在他（她）的手能够到的地方放一个玩具，或是他（她）喜欢的别的东西。如果孩子匍匐着要去抓东西，就可以把东西给他（她），然后再把玩具放得更远一些，依此类推。

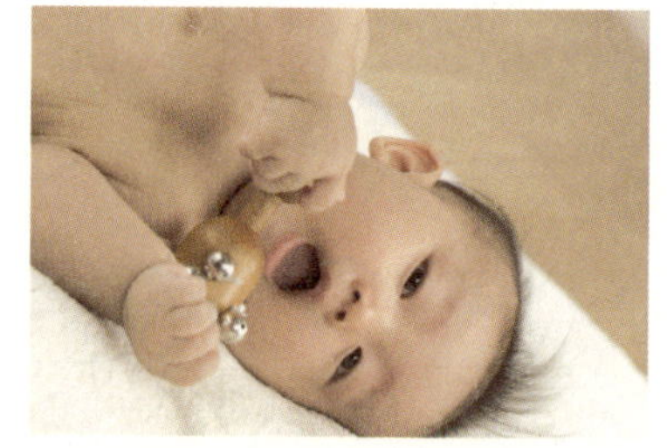

侧翻 让孩子侧躺着，妈妈在他（她）身后晃动铃铛或是跟他（她）说话，孩子就会努力想翻身去看妈妈。如果孩子翻不过来，可以帮他（她）用力，然后逐渐让他（她）自己翻。最好能在孩子头的一边放一个会出声的玩具，当孩子听到声音，就会努力翻过去。当熟练掌握了这个动作以后，可以在他（她）的后背垫一个枕头，让他（她）不能向后翻，而要引导着他（她）向前翻。

抓着妈妈的手指站起来，再坐下 扶住孩子的后背，让他（她）几乎可以坐下来，然后拉住孩子的手，帮助他（她）站起来，再坐下。

放下手里的东西，去拿别的东西 让孩子两只手里都拿着玩具，然后再递给孩子一个他（她）喜欢的玩具或是吃的东西。孩子会先愣一下，然后妈妈可以帮助他（她）放下一只手里的东西，去拿新的物品。这个游戏可以让孩子了解到一种因果关系：如果他想拿新的东西，就必须要放下手里原来的东西。

布类玩具的游戏 让孩子直接去感觉各种布料的质感。把棉、丝、麻、皮、针织等裁减成一个个的小块，然后放在盒子里。让孩子从盒子里随便抓出一块，让他（她）感受不同布料的质感。这有助于孩子手部肌肉的发育。

照镜子 孩子都很喜欢照镜子。他（她）会一直盯着出现在镜子里的自己，并会伸出手，试图要抓住里面的自己。抱着孩子站在镜子前，然后叫他（她）的名字。开始的时候，孩子会对自己的模样很感兴趣，当看到镜子里的妈妈时，他（她）就会露出笑容。

互动游戏 这个时期的孩子，开始喜欢一些可以产生相互作用力的游戏。让孩子坐在有靠背的椅子上，妈妈一边唱儿歌，一边拉着他（她）的手做各种动作。

抓球 宝宝手部的发育与大脑的发育有着密切的关系。手在活动的时候，左脑和右脑会同时受到刺激。如果到这个时候，孩子还不能把大拇指伸出来，那么可以让他（她）练习抓球。最好使用网球大小的球，这样可以使孩子的手指全部张开。

5～6个月孩子的一天

5～6个月的宝宝，开始学会匍匐向前，正在尝试依靠自己的力量做更多的事情。宝宝毫无来由的哭闹越来越少，醉心于各种游戏的兴趣越来越高了。

宝宝姓名　金钟民
月龄　5个月
出生时体重　3.28千克
目前体重　8.9千克
分娩方式　自然分娩
喂养方式　4个月之前是混合喂养，现在是人工喂养

吃奶情况　每天5次，每次200毫升，一周前开始添加辅食。

大便情况　早上一起床就大便，每天1次。

发育情况　105天的时候会翻身，目前已经非常灵活。虽然爬还不是很熟练，不过只要看到目标，就会不停地向前爬。不管是什么，都要放到嘴里尝一尝。偶尔会发出“爸爸”的声音，虽然还不清楚，不过已经让爸爸非常激动了。

皮肤问题和解决对策　根据情况，涂抹保湿产品或药膏。

睡眠问题和解决对策　正在努力让他在固定的时间自己睡觉。虽然每次都要折腾一个小时左右，不过最后他还是自己睡着了。白天睡觉时，闹觉情况很严重。

游戏时间　经常给他听儿歌和古典音乐，还和他一起看书，一起玩玩具。最近他对捉迷藏的游戏很感兴趣，喜欢用手帕遮住脸，然后再突然拿开。

我的宝贝　每天都会发脾气哭一次。给他拍照的时候，又会很开心，好像根本没有发过脾气。而且会立刻停下动作，摆出很棒的姿势。爸爸下班回家后，便不再要妈妈，只缠着爸爸，偶尔还会发出“爸爸”的声音。

宝宝姓名　孙明惠
月龄　5个月零6天
出生时体重　3.1千克
目前体重　6.5千克
分娩方式　自然分娩
喂养方式　母乳喂养

吃奶情况　每4个小时吃一次。

大便情况　每天1次。

发育情况　喜欢说话，很早就开始每天“咿咿呀呀”地说个不停，还喜欢大声笑。

皮肤问题和解决对策　出生的时候有一些胎热，一个月以后就完全消失了。

睡眠问题和解决对策　晚上10点左右吃奶睡觉，第二天早上7点起床。不过，几乎不怎么睡午觉，偶尔睡，也只有一个小时左右。

游戏时间　讲故事，和她说话，推她散步。最喜欢在户外，尤其是和爸爸待在一起。

我的宝贝　喜欢翻身，有时候胳膊被压在身下拿不出来的时候，会“嗯嗯”地喊妈妈。头发比其他孩子长，也更浓密。晚上10点睡觉，一觉睡到大天亮，是个很乖的小姑娘。偶尔会和3岁的哥哥打架，不过每次只要一看到哥哥，还是会很开心地笑。4个月的时候开始认生，不过，现在不管谁抱着都能睡着。性格很温和，不喜欢一个人玩，有时会因此发脾气。

宝宝姓名　金智赫
月龄　5个月零15天
出生时体重　3.2千克
目前体重　6.5千克
分娩方式　自然分娩
喂养方式　人工喂养

吃奶情况　每天7～8次，每次100毫升。

大便情况　每天1次，颜色正常。

发育情况　可以用双臂撑着地板向前爬，正在努力学习立起。

皮肤问题和解决对策　没有。

睡眠问题和解决对策　睡觉之前总要哭一会儿，只有抱起来摇着才肯入睡，百天以后这种情

况有所好转。

游戏时间　唱歌，藏猫猫。

我的宝贝　睡眠时间减少，每天都在房间里爬个不停。只有爬得很累的时候，才肯吃奶睡觉。4个月的时候还经常哭闹，让妈妈很头疼，不过，现在哭声越来越少，笑声越来越多了，人也变得更漂亮。

宝宝姓名　崔尹西
月龄　5个月零18天
出生时体重　3.3千克
目前体重　8千克
分娩方式　自然分娩
喂养方式　混合喂养

吃奶情况　每天5～6次，每次160～180毫升。

大便情况　每天2次，黄色，比较黏。

发育情况　4个月的时候开始会翻身，现在大部分的时间都在翻来翻去。趴着的时候，会冲着想要的东西伸出胳膊，如果拿不到，就会撅起小屁股，像个虫子似的拱来拱去。

皮肤问题和解决对策　没有。

睡眠问题和解决对策　开始的时候，睡觉情况很好。不知从什么时候开始，一定要抱着摇着才肯睡。最近都是抱着哄他睡，大约10分钟可以睡着。

游戏时间　在他面前摇晃手帕、娃娃，他就会手舞足蹈，发出声音，表现出喜欢的样子。最近，开始喜欢照镜子。偶尔会给他挠痒痒，经常做按摩。打盹的时候，会给他读童话书或是抱抱他。

我的宝贝　意思表达很明确，心情好的时候，会咯咯笑，引得妈妈也跟着笑。快半岁的时候，免疫力下降，得过一次感冒。已经开始添加辅食，妈妈担心做不好，看了不少书，还经常到网上找资料。

宝宝姓名　宋世音
月龄　5个月零20天
出生时体重　2.54千克
目前体重　6.2千克
分娩方式　自然分娩
喂养方式　混合喂养

吃奶情况　间隔2～3个小时一次，每次80毫升，夜里吃母乳。

大便情况　吃母乳的时候，大便比较稀，吃奶粉的时候，大便正常。

发育情况　比同龄孩子发育快，扶着她坐好后，可以自己坐着玩一会儿。

皮肤问题和解决对策　皮肤很干净。

睡眠问题和解决对策　晚上10点洗澡，12点睡觉。躺着吃一会儿手指，再翻滚一会儿就会睡着了。

游戏时间　读故事书，推着婴儿车散步。

我的宝贝　能够很准确地表现出好恶。对新鲜事物充满了好奇，看到一件新东西，总要盯着看很久。最近，已经可以一个人独坐了，妈妈也轻松了不少。为了拿到喜欢的东西，摔倒了可以自己坐起来。最近开始吃奶酪，用手稍微弄碎些后喂给她，每次都吃得津津有味，看来应该开始添加辅食了。

宝宝姓名　原南京
月龄　5个月零27天
出生时的体重　3.20千克
目前体重　7.5千克
分娩方式　剖宫产
喂养方式　母乳喂养

吃奶情况　2小时一次。

大便情况　每天一次，很有规律，都在早上6点左右。和人工喂养的孩子相比，大便较稀。

发育情况　和其他孩子相比，发育相对较快，两个多月的时候，就开始想要自己翻身，两个半月的时候，终于成功地翻身了。现在可以匍匐着在家里到处爬了。已经长出了两个下牙，一笑就会露出来。不久之前，还发出了“姆妈、姆妈”的声音。

皮肤问题和解决对策　没有胎热，夏天也没有长过痱子。

睡眠问题和解决对策　睡觉方面没什么特别的问题。最近母乳的量减少了，夜里总是醒。

游戏时间　哥哥玩积木时，他最喜欢在旁边捣乱。经常给他读故事书，还经常和哥哥一起听故事。

我的宝贝　最近妈妈的母乳量减少了，宝宝夜里经常醒。所以妈妈又开始喝海带汤，希望能有作用。应该添加辅食了，不过在选择材料上有很多担心，怕某些食物会引起过敏。

关于5～6个月婴儿的问题与解答

Q 宝宝抓东西的时候，好像总用一只手，这样正常吗？

A 控制手的部分是大脑和大脑皮层，孩子的手部活动是运动迟滞或障碍的重要指标。1岁之前的孩子，如果主要只用一只手，就要怀疑他（她）的神经系统是否有问题，要及时到医院进行排除检查。通常来说，1岁之前的孩子是不应该总用同一只手活动的，会同时使用两只手。因此，孩子只用一只手就意味着控制另一只手功能的中枢神经有可能出现了异常。

孩子长到15个月的时候，会经常使用某一边的手，只有到了3～5岁，孩子才会明确知道根据情况酌情使用哪只手。

Q 孩子呕吐的时候，会发出尖锐的哭声，应该怎么办？

A 突然有一天，健康的孩子好像肚子痛似的，又是踢腿，又是打滚地哭闹，而且间隔几分钟还会反复，就要怀疑宝宝是否患上了肠套叠。这时，如果同时出现呕吐和血便，就要立刻去医院看急诊或是拨打急救电话。

肠套叠是5～9个月宝宝的一种常见病。如果没有及早发现并进行治疗，就会引起高热或虚脱，甚至引发肠穿孔或腹膜炎等更严重的疾病，所以只要稍有怀疑，就要马上去医院。肠套叠如果发现较早，可以不必动手术；但如果发现得比较晚，可能就要进行肠切除手术。所以，父母一定要注意观察，并且及时带孩子就医。

Q　宝宝一刻也不肯离开妈妈，甚至妈妈去洗手间也会哭，怎么办？

A　孩子5个月的时候，情感开始发育，好恶越来越明显。妈妈会发现宝宝有了喜欢的玩具、喜欢的歌、喜欢的食物。心情好的时候，会发出各种声音等；而不高兴的时候，就会发脾气。这个时期，如果让孩子一个人待着，他（她）就会露出紧张的表情，同时还会哭闹。本来睡觉很好的孩子，夜里也会经常醒。如果拿走他（她）喜欢的玩具，就会发怒似地大哭。所以在这个时期，妈妈更应该精心地看护孩子，以免让他（她）产生恐惧的心理。如果为了纠正习惯而把孩子一个人扔下，宝宝可能会越来越不信任妈妈，也越来越容易紧张。

Q　怎样解决宝宝过敏的问题？

A　有2%～8%的宝宝会出现过敏性皮炎。2个月时出现的胎热到现在还没有消失，基本就可以确定为过敏。开始的时候，只是脸上出现红色的湿疹，然后会逐渐在整个脸、脖子、手腕、手、肚子、四肢蔓延开。随着病情的加重，孩子会觉得很痒，会在床上或被子上蹭发痒的部位，而这样可能会引起皮肤破损，导致二次感染。过敏性皮炎，大多是因为某种食物引起的过敏反应，特别是豆类、鸡蛋、牛奶等蛋白质含量较高的食物。不过，也有可能是家里的灰尘或是装修后的残留化学物质。

把孩子的指甲剪短，给他（她）穿长袖衣服，不让手露出来，以免他（她）把自己抓伤。最好不要穿会对皮肤造成刺激的毛绒或是尼龙制品，以及色彩鲜艳的衣物。此外，还要经常涂抹保湿产品，以防止皮肤干燥。刚洗完澡的时候就立刻抹上，可以有效防止水分流失。

Part 07

6个月后的孩子，一切都好吗

不知不觉，宝宝6个月了，已经是个真正的小人儿了。这个时期，发生在宝宝身上的最大变化就是开始会爬，终于不必再完全依靠爸爸妈妈了。能够独立地运动四肢，向前爬行，这是个多么令人吃惊的变化！宝宝每前进一点点，爸爸妈妈都会感受到巨大的喜悦。不过，喜悦只是暂时的，宝宝会爬了，也意味着他（她）离危险越来越近了。撞倒梳妆台，把手指伸进电源插座，从楼梯上滚下来，这些都是很可怕但都很可能发生的事情。而且，这个时期的孩子，几乎都会得一次重感冒，这是因为他（她）从妈妈体内获得的免疫力正在急剧下降。即使是之前从来没去过医院的孩子，在换季或者周围环境发生突然变化的时候，也会出现发热、咳嗽、身体不适。现在，到了应该添加辅食的时候，就算曾经因为过敏而推迟，现在也要尽快开始了。

宝宝发育正常吗

表7.1和表7.2是6个月婴儿的身体发育统计数据，供参考。

表7.1　6个月时男婴的身体数据

指标	6个月时百分位数						
	3	10	25	50	75	90	97
体重（千克）	6.90	7.42	7.90	8.50	9.10	9.67	10.30
身高（厘米）	63.9	66.0	67.4	69.1	70.6	72.0	73.5
头围（厘米）	41.2	42.0	42.9	43.7	44.5	45.1	46.1
胸围（厘米）	40.2	41.5	42.7	44.0	45.4	47.0	48.4
体重（千克）*	6.80	7.28	7.80	8.41	9.07	9.70	10.37
身高（厘米）*	64.0	65.4	66.8	68.4	70.0	71.5	73.0

注：*为“中国0～18岁儿童青少年身高、体重百分位数（2005年）”。

表7.2　6个月时女婴的身体数据

指标	6个月时百分位数						
	3	10	25	50	75	90	97
体重（千克）	6.29	6.88	7.40	8.00	8.50	9.00	9.60
身高（厘米）	62.2	64.3	66.0	67.7	69.0	70.5	71.5
头围（厘米）	40.0	41.0	41.8	42.5	43.4	44.2	45.0
胸围（厘米）	39.1	40.3	41.8	43.0	44.3	45.8	47.5
体重（千克）*	6.34	6.76	7.21	7.77	8.37	8.96	9.59
身高（厘米）*	62.5	63.9	65.2	66.8	68.4	69.8	71.2

注：*为“中国0～18岁儿童青少年身高、体重百分位数（2005年）”。

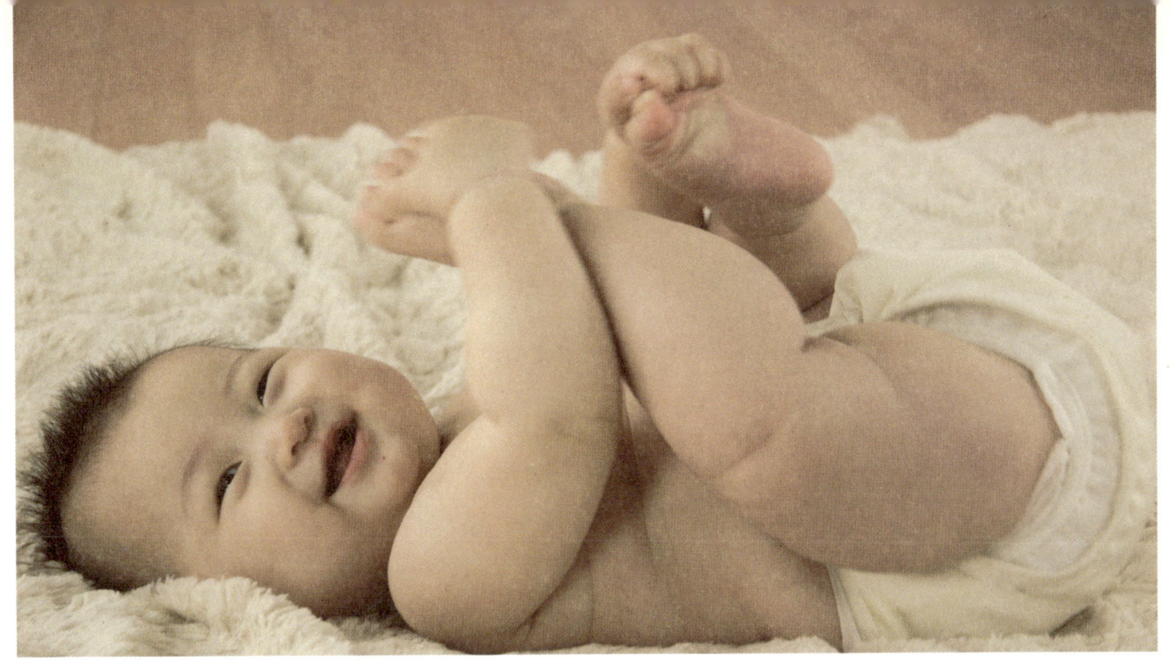

6～7个月孩子的生长发育以及育儿作业

长牙与添加辅食

这个时期的宝宝，开始会爬了，辅食的添加也提上了日程。因为免疫力下降，一些常见的小病也开始找上门来了。

这个时期孩子身上的变化

开始爬 对于宝宝来说，会爬是一个巨大的进步。因为这已经不再只是单纯的肌肉运动，而是同时需要方向感和头脑的活动。

挺起胸，想要一个人坐 让孩子趴着的时候，他（她）会挺起胸，尝试想要坐起来。发育快的孩子，已经可以用双手撑着身体，坐着玩玩具了。

开始长乳牙 乳牙一共有20颗。一般在出生后2年半内长齐。生长顺序通常是从下牙开始，生长数量通常是“月龄－6”（例如：12个月的宝宝，乳牙数是12－6=6，也就是6颗）。在长牙方面，不同的孩子之间会存在很大的差异。据调查，1500个孩子中会有一个在出生的时候就已经长牙了，还有的孩子15个月的时候才出第一颗牙。所以，在长牙这件事上，妈妈不必太着急，顺其自然就可以了。

可以表达更加复杂和丰富的感情 这个时期的宝宝，已经知道了快乐、悲伤、生气、忧愁、喜欢、不喜欢、有趣、疲倦等情感，并会通过表情、声音、手势和姿势等表达出来。

扶他（她）坐起来后，会用手撑住身体，不断地尝试自己独坐。

和妈妈的关系密切，看到陌生人会哭。

发出一些准确的音节 7个月的宝宝已经可以很清晰地发出一些简单的音节，比如“妈、扑”等。

能听懂简单的话 可以区分称赞和责备，当听到“真好”“真棒”的时候，他（她）会开心地笑。如果有人叫自己的名字，会转过头去，并发出声音，作出反应。可以听懂“不行”，听到后会停止正在做的事。

会使用身体语言 哭、耍赖、做鬼脸、微笑等等，这些都是宝宝的“语言”。6个月的宝宝会用动作来表达自己的要求。发育快的孩子，在想要妈妈抱的时候，会去拉妈妈的胳膊；在想吃奶的时候，会去摸妈妈的胸。

开始认生 妈妈不在身边的时候，会感到不安；看到陌生人的脸，会发出哭声。这是认知能力发展的一个信号，表示宝宝已经可以记住熟悉人的脸了。

免疫力下降，容易生病 来自母体的免疫力已经消失，而且孩子外出活动比以前频繁，所以宝宝开始变得容易得病了，特别是肠炎等病毒性疾病。宝宝表现出来的主要症状是发热、腹泻、流鼻涕、咳嗽、咽喉炎。

这个时期妈妈要完成的育儿作业

开始添加辅食 辅食也叫离乳食，就是离开乳汁后的食物。人要吃蔬菜、肉、谷物等才能维持生命活动。只有从现在开始，慢慢将主食从乳类转换为谷物，才能保证宝宝在周岁后顺利断奶。

6个月时的免疫接种 6个月的时候，要注射乙型肝炎疫苗第三针（2个月时没有接种第三针的，可以在这个时期补种），白百破疫苗的第二针、小儿麻痹疫苗等，这些都是基本接种（译注：我国在这个月龄只注射乙型肝炎疫苗第三针）。流行性脑脊髓膜炎疫苗和肺炎疫苗则是选择接种的项目。接种疫苗的时间，最好选在孩子精神好的某天上午。

增加与他人接触的机会 这个时期的孩子已经开始怕生，可以多带他（她）去亲戚家，或是创造一些可以接触到陌生人的机会。不过，不要强行把孩子交给陌生人或是让孩子感到害怕的人。

不要更换养育人 这个时期是宝宝与妈妈的亲密关系飞速发展的时候，而与妈妈的亲密关系，会对人的一生产生重要的影响。与妈妈形成亲密关系的孩子，人生的起步会非常顺利。如果在这时候更换养育人，而监护人由于没能和孩子形成亲密关系，很容易对孩子产生一些负面的影响。

减少白天睡觉的时间 这个时期的孩子会在固定的时间睡觉，对白天和夜晚的区别也很清楚。这时候，应该引导孩子逐渐缩短白天睡觉的时间，白天让他（她）尽情地玩耍，夜里可以睡得更香甜，而且孩子早上起床的时候，精神也会很好。上、下午各有1.5～2小时的睡眠就可以了。

了解应对感冒的方法 从现在开始，孩子随时都可能会感冒。预防感冒最有效的方法之一，就是经常洗手，因为很多病毒都是通过手传播的。不过，也完全不必因为担心孩子感冒，而减少外出活动。只有对外部环境具备了一定的适应能力，才能更有效地抵抗病毒。

开始肢体游戏 这个时期的孩子非常喜欢活动自己的身体，并把这当作一种游戏。因为孩子的脖子已经可以完全挺直了，所以妈妈可以积极地协助孩子开展这项活动。

出牙的时候，帮宝宝按摩牙床 开始长牙的宝宝，经常会表现得很烦躁，还会流很多口水。这时候，妈妈可以把手洗干净，然后用手指轻轻按摩宝宝的牙床。也可以让宝宝咬牙胶，或是把胡萝卜等较硬的蔬菜切成条，让他（她）咬。口水流得过多可能会引起红疹，所以把纱布用温水沾湿后，随时帮宝宝擦干净嘴角。

拿走安抚奶嘴 之前使用安抚奶嘴是为了满足宝宝的吸吮要求，防止他（她）吃手，而现在则到了该和安抚奶嘴告别的时候。这个时期，宝宝的吸吮要求降低，已经开始吃辅食，并开始爬行，感兴趣的东西越来越多了。如果6个月以后还含着安抚奶嘴，可能会一直依赖安抚奶嘴直到2岁，因此，必须现在就帮宝宝戒掉。

养成良好的生活规律 就寝时间固定后，孩子每天的生活逐渐会有规律起来。有规律的生活会使孩子每天都充满活力，而且食欲增加，还能提高免疫力。

模仿妈妈是最好的游戏

6~7个月孩子的游戏计划

这个时期的宝宝开始了解原因与结果的关系，并努力想要了解自己。脖子挺直了，学会了翻身，身体的游戏变得更加轻松。

看家人的照片 这个游戏的目的是为了帮助孩子不再怕生。可以一边带宝宝看家人的照片，一边跟宝宝说，“噢，这是谁呀？这是奶奶。”看着陌生人和自己在一起的照片，宝宝可以区分出熟悉人的面孔，并且能够避免怕生。这个游戏对语言发育也很有好处。

找东西 把平时宝宝喜欢的东西藏起来，然后妈妈和宝宝一起找。这个游戏可以教宝宝了解事物的连续性。用报纸或一块布把玩具盖上，跟宝宝说“咦，小汽车到哪里去了？”然后掀开盖住玩具的报纸或布，“哦，原来在这里！”再把玩具藏起来，这回让宝宝去找。如果他（她）找不到，可以把盖布拉开一点点，让宝宝能看到玩具。

套圈 先准备好道具，扶宝宝坐好以后，把粗细合适的圆圈和一个小柱子摆在他（她）面前，就可以开始玩了。

按压的游戏 准备一个一按就会发出声音或是有娃娃跳出来的玩具。这个时期的宝宝个个都是小小科学家，已经懂得通过试验来学习很多道理。并且，宝宝已经掌握了原因和结果的概念，当看到因为自己的一个动作而引起什么事情的发生时，会表现得很开心。这时候，妈妈可以陪他（她）一起玩。当然要准备一些适合的玩具，比如一开门就会看到什么东西的小房子、一拉绳子就会有什么跳出来、一按按钮就会发出有趣的声音等等。

洗澡 6个月以后，宝宝已经可以自己坐在澡盆里了。这时候，可以让宝宝玩玩会游泳的小鸭子，能装水的小桶和洒水壶等，只要妈妈先示范一下，宝宝马上就能学会。

拍手 这个时期的宝宝，模仿心理非常强烈。通过模仿，他（她）的语言、身体活动、运动能力、表情等，都可以得到发展。这时候，妈妈可以反复做一些宝宝能够模仿的简单动作，还可以在唱儿歌的时候，根据节奏拍手。如果孩子不会拍，可以抓住他（她）的两只手，给他（她）做个示范，妈妈也要慢慢地再把动作重复几次。另外，还可以一边说“拜拜”，一边挥手；一边说“你好吗”，一边点头；一边说“不行不行”，一边摇头；一边说“万岁”，一边挥舞双臂。这些都是很适合让孩子模仿的动作。

捡东西 当孩子玩玩具的时候，玩具突然掉到地上，一定要马上捡起来递给他（她）。如果又掉了，妈妈就要再捡起来。如果孩子一直掉，妈妈就要一直捡。通过这种捡东西的游戏，孩子可以了解到原因与结果的关系。宝宝会关心玩具掉落的样子，掉落时发出的声音，看看掉在了哪里，同时还会产生一种试验的心理，“如果再掉了，还会和刚才一样吗？”

关于6～7个月婴儿的问题与解答

Q　孩子腹泻，医生诊断为肠炎，应该给他吃些什么呢?

A　孩子患了肠炎以后，首先要注意的一件事就是绝对不能让孩子饿着。无论孩子能吃什么，只要吃一点，也会加速身体的康复。

喝母乳的孩子，可以继续给他（她）喝母乳；如果是喝奶粉的孩子，可以继续给他（她）喝原来喝的奶粉。如果腹泻严重的话，可以冲得稍微稀一些，不过这并不是必须的，要视情况而定。如果肠炎特别严重，也可以给宝宝临时喝肠炎专用的奶粉。但即使是在这种情况下，喝这种奶粉的时间也不能超过2周。患了肠炎以后，妈妈最担心的就是宝宝出现脱水症状。这时候，可以给孩子喝一些医院提供的电解质水，但不要用离子饮料或是混合了食盐和砂糖的饮料来代替水。可以让孩子吃一些略带咸味的蔬菜泥、鸡肉泥、米糊、少油的汤、少量不加糖和果汁的水等。

Q　母乳减少，该不该给宝宝喝奶粉呢?

A　有很多人认为，宝宝6个月以后，妈妈母乳中的营养成分会降低，应该换吃其他的食物。其实宝宝每天所需要的大部分热量，依然是来自于母乳。母乳确实存在铁含量不足的问题，不过只要通过辅食进行加强就可以了。母乳中含有对宝宝大脑发育特别有帮助的蛋白质，而且宝宝在吃奶的过程中，会稳定情绪，获得极大的安全感。因此，在宝宝周岁之前，最好能坚持母乳喂养。

如果妈妈因为上班的原因，必须给孩子吃奶粉，那么也要让宝宝逐渐接受奶瓶。可以把奶瓶当作玩具让孩子玩，而且要在孩子感到饿的时候给他（她）吃奶粉。如果宝宝不肯用奶瓶，可以先用杯子喂给他（她）喝。

Q 孩子不会爬怎么办?

A 每个孩子的发育情况都是不一样的。有的孩子不经过爬的阶段，就直接会坐了；而有的孩子还不会坐，却可以抓着东西站起来。发育顺序的混乱在孩子身上是很常见的，所以妈妈不必过分计较和担心。

Q 宝宝吃辅食情况本来很好，却突然开始拒绝，为什么会这样?

A 本来吃东西很好的孩子，突然开始拒绝辅食，这其实是一个很自然的过程。如果一定要找出原因，可能是突然改变了制作方法，孩子不太适应，也可能是因为孩子的身体仍然需要母乳。无论是什么原因，对于拒绝辅食的孩子，都不要强迫他（她）吃。如果强迫宝宝吃，只会让他（她）的饮食习惯变得越来越糟糕。在孩子想吃的时候再给他（她）吃，哪怕只吃一勺也没关系。当孩子的食欲恢复以后，会很自然地重新接受辅食。另外，可以在刚吃完奶后吃辅食或是和家人一起在餐桌上吃，还可以改变一下辅食的制作方法和材料，都是不错的办法。

Q 孩子便秘怎么办?

A 出现便秘症状以后，必须要同时采取食疗和运动疗法。大麦、糙米、燕麦粉、梅子、苹果、杏、梨、桃子、菠菜、西兰花、洋白菜、南瓜等都是对便秘有好处的食物，而冰激凌、奶酪、柿子、栗子、糯米、煮熟的胡萝卜等对便秘没有什么好处，所以在便秘症状缓解之前，最好少吃或者干脆不吃这些东西。如果是6个月的宝宝出现便秘，对其进行按摩是很有效的方法。早上起床后和晚上睡觉前，每天在固定的时候，按照顺时针方向按摩宝宝肚脐的周围，逐渐用力，坚持一段时间，对缓解便秘很有帮助。

6～7个月孩子的一天

开始添加辅食后，宝宝也开始尝试各种不同的味道和食物。6个月的宝宝，已经可以自己坐着玩儿了。

宝宝姓名　金载英
月龄　6个月零6天
出生时体重　3.29千克
目前体重　9.6千克
分娩方式　自然分娩
喂养方式　母乳喂养

吃奶情况　间隔3小时吃一次，每次10～15分钟。

大便情况　每天1～2次，金黄色，比较稀。

发育情况　会翻身，会向前爬，扶他坐好以后，可以独自坐一会儿。会说“姆妈”“爸爸”等。

皮肤问题和解决对策　2个月的时候，脸上出现胎热。洗澡后涂抹婴儿润肤露，平时特别注意皮肤的保湿，到百天的时候，差不多就全好了。

睡眠问题和解决对策　开始的时候，都是吃完奶再哄睡觉，后来打算断掉夜奶，所以连续两天晚上没有喂奶就哄着睡着了。头两天的时候会哭上一个钟头，不过现在已经没有问题了。

游戏时间　给他唱儿歌，玩拍手游戏。

我的宝贝　从出生到现在，宝宝还没有生过病，也没有出过任何小事故。最近开始，几乎一会儿也不肯躺着，醒着的时候，总是要抓东西，要和妈妈一起玩。可能是快出牙了吧，很喜欢咬牙胶，每天妈妈都会用纱布手巾给他擦口水，并且帮他按摩牙床。

宝宝姓名　徐有利
月龄　6个月零16天
出生时体重　2.9千克
目前体重　8.6千克
分娩方式　自然分娩
喂养方式　母乳喂养

吃奶情况　间隔2～3个小时吃一次，每次30分钟左右。

大便情况　经常是2~3天一次。

发育情况　基本可以自己坐了。不过，更喜欢躺着玩。看到不喜欢的东西，会发出叫声。看到陌生人，则会表现得很警惕。

皮肤问题和解决对策　完全没有胎热或是痱子问题。

睡眠问题和解决对策　一定要吃了奶才肯睡。觉很多，白天也要睡2～3个小时，晚上则是从9点睡到第二天早上6点。夜里还要吃两次奶。

游戏时间　把他放在儿童娱乐区里，可以自己玩得很好。喜欢玩“开飞机”，还喜欢和妈妈在被子里捉迷藏。

我的宝贝　正常学会翻身，不过当其他孩子都会坐、会爬的时候，他却还不会爬，坐得也不好，只能用手撑着坐。每天吃2次辅食，吃4～5次母乳。一般都是吃完奶睡觉，不过白天偶尔也会自己睡。最近开始出下牙，经常咬自己的手，甚至还咬下嘴唇。睡觉和吃饭都很好，目前还没出现怕生的情况，看见谁都会笑。

宝宝姓名　江硕英
月龄　6个月零16天
出生时体重　3.2千克
目前体重　8.5千克
分娩方式　剖宫产
喂养方式　人工喂养

吃奶情况　每天5次，每次180毫升。

大便情况　1～2天一次。

发育情况　对所有事物都充满好奇。无论手里抓到什么东西，都会不假思索地往嘴里送。最近开始用肚子向前爬，不过只能时而前，时而后，一点点移动。

皮肤问题和解决对策　皮肤很干净。

睡眠问题和解决对策　闹觉

不是很严重，妈妈和他一起躺着唱歌，很快就能睡着。

游戏时间　看布书，咬牙胶，摇铃铛。

我的宝贝　可能正在长牙，好像牙床很痒的样子。身边一刻也不能离人，否则就不知道爬到哪里去了。很爱笑，稍微一逗他，就会笑个不停，每天早上起床后，也会冲着妈妈一直笑。

宝宝姓名　洪志敏
月龄　6个月零27天
出生时的体重　4.16千克
目前体重　8.0千克
分娩方式　剖宫产
喂养方式　人工喂养

吃奶情况　每天4次，每次140毫升（从早晨到晚上，间隔4个小时一次），睡觉之前喝160～180毫升。

发育情况　翻身的时候，喜欢在房间的地板上滚，开始会爬以后，每天到处爬。

皮肤问题和解决对策　出生以后，大约有一个月有胎热，没有做什么特别处理，后来皮肤一直不算白皙。

睡眠问题和解决对策　2个月之前，睡眠质量一直不太好，很容易醒。不过后来就好了，可以睡一夜。

游戏时间　喜欢一边唱歌，一边手舞足蹈。娃娃、牙胶、铃铛这些东西一旦落到他手里，肯定要放进嘴里。经常给他看鲜花、汽车以及一切新鲜的东西。喜欢用被子玩“有？没有？”的游戏。

我的宝贝　因为妈妈要上班，所以还没满百天就把他送进托儿所了。无论是在托儿所还是家里都玩得很好，很爱笑，只有每周日去教堂的时候，看到陌生人才会哭。最喜欢爸爸，即使正在哭的时候，只要爸爸一过来，他马上就会停止哭声，露出笑容。

Tips 中医教你怎样增强后天免疫力

感冒的患病原因，可能是先天免疫力低，也可能是后天免疫力低。所谓先天免疫力，指的是宝宝从妈妈那里获得的免疫力，这种免疫力可以让宝宝在出生后半年内很少生病。但是，先天免疫力低的孩子，在6个月之前也会患感冒。这样的孩子得了感冒以后，通常都会伴随着高烧，而且一开始就咳嗽，到感冒后期，仍然会干咳。另外还有一些孩子，出生的时候很健康，但是因为一些不良的生活习惯，造成了免疫力降低。6个月以后，先天免疫力消失，这时候通过生活管理和饮食习惯形成的免疫力，叫做后天免疫力。后天免疫力低的孩子，经常会流鼻涕。这样的孩子只要一得感冒，就会食欲下降，同时还会出现呕吐或腹泻这种消化方面的问题。即使感冒快好了，流鼻涕的症状也还会持续很长时间。咳嗽的时候，不是干咳，而是咳嗽中带痰。如果想预防感冒，提高孩子的免疫力，首先要多给孩子吃一些营养丰富的食物和新鲜的水果，还要为孩子提供一个良好的睡眠环境，让孩子能保持充足的睡眠等。

初期辅食的喂养原则和菜单

终于到了添加辅食的时候。不过，这给妈妈带来的烦恼也不少，特别是有过敏症状的孩子。下面就来介绍一些不容易引起过敏的辅食制作原则和菜单。

远离过敏的七个辅食原则

满6个月以后再添加辅食 添加辅食的时间，既不能太晚，也不能太早。如果开始过早，会很容易引起过敏性皮炎等过敏症状。如果孩子没有出现过敏症状，可以从5个月的时候慢慢开始添加辅食。不过，如果家里有遗传性过敏史，那么6个月以后开始添加辅食更加安全。

每次增加一种材料 初期添加辅食的目的不仅仅是为了提供营养，还可以让孩子进行咀嚼练习。有些妈妈想让孩子获得更丰富的营养，同时混合四五种材料，如果孩子出现过敏反应，很难判断到底是对哪种食物过敏。所以，添加辅食时最好是一种材料用过2～3天后，再添加其他的材料，而且每次只添加一种。

不要加盐 如果让孩子摄入过多的氯化钠，就很难帮助孩子养成一种健康的饮食习惯。这时，最重要的是让孩子体会食物本身的味道。孩子喜欢甜味食品，可以把南瓜、红薯、胡萝卜、洋白菜等用文火煮熟来代替，而咸味食品则可以在8个月以后，用小鱼干、虾、海带等天然调味品来制作。

确定好吃的顺序 以前，一般都是从2个月的时候开始给孩子喝果汁，不过现在已经没有人那么做了。现在基本都是从米粉开始，然后慢慢添加一种蔬菜。因为引发过敏的通常都是鸡蛋白、豆腐等蛋白质含量比较高的食物，所以最好在8个月以后再添加。对于其他的材料，还要了解它们的添加时间。

Tips 辅食添加ABC

1 选择在孩子健康状态良好的时候开始添加辅食。

2 开始添加辅食之前，形成间隔4小时的喂奶规律。

3 最好在孩子心情不错，并且空腹的时候添加辅食。可以在消化功能比较活跃的上午添加第一次辅食。

4 很多医生都建议，用富含铁的米粉来作为孩子的第一顿辅食，也可以把米粉加在奶里一起喂给孩子。

5 喂辅食的时候，让孩子坐在妈妈膝盖上，并且用手臂搂着他（她）。

6 就算孩子一直把辅食吐出来，也还是要尽量喂。

7 如果孩子一直拒绝吃辅食，可以一两天后再重新开始。

8 每天在固定的时间吃辅食，并且要保持一贯的气氛。

9 每天能吃3勺辅食，就表明初期添加辅食是成功的，然后逐渐加量。到7个月末的时候，应该大约可以吃10勺了。

尊重个体差异 每个孩子的生长发育速度不一样，口味也各有不同，所以不必与其他孩子进行比较，也不一定要保持一致，而应该选择一种最适合的辅食，那就是最好的。同样，出现过敏的时期和程度每个孩子也是不一样的，妈妈只要选择适合自己宝宝的辅食就可以了。

有计划地进行 在添加辅食的过程中，如果孩子食欲下降或者吃得不太顺利，妈妈也不要太焦急，应该保持一颗平常心。越是想让孩子吃快一些，吃多一些，反而可能会让孩子对辅食失去应有的兴趣。

不要突然改变辅食的形态 要在孩子逐渐习惯了半固体食物后，再阶段性地增加食物的硬度和体积等。

初期添加辅食的简单方法

时间 上午10点一次

份量 3～10勺。从一勺开始，每过2～3天增加一勺。

母乳或奶粉 一共600～700毫升，每天分4～5次喂食。

硬度 开始的时候，用勺一倒流下来就可以。到7个月的时候，可以是稀粥的状态。

可以使用的材料 大米、大麦、面粉、黄瓜、胡萝卜、土豆、红薯、小南瓜、苹果、西瓜、甜瓜、梨、栗子等。

避免使用的材料 竹笋、牛蒡、水芹菜、芝麻叶等味道浓烈、含纤维较多的蔬菜以及西红柿、李子、桃子、草莓、橙子等水果。

四种初期辅食的制作方法

胡萝卜奶粥

如果是吃奶粉的孩子，可以在奶粉中混合一种蔬菜，让他（她）体验一些不同的味道。蔬菜是水溶性维生素和钙、铁等营养物质的良好来源。

材料 胡萝卜20克，奶粉1/4杯。

做法 ①把胡萝卜切碎，放在锅里蒸软。②把蒸熟的胡萝卜用木勺碾碎，并过滤。③在上述材料中加入冲好的奶粉，混合以后用文火略煮即可。

高粱米糊

6个半月的孩子，对米粉完全适应了以后可以吃一些米糊。把大枣果肉蒸熟后放进去一起煮，这样可以给米糊增加一些甜味，孩子会更喜欢。

材料 高粱米1大勺，大枣2个，水1/2杯。

做法 ①把高粱米洗干净，注意不要过度搓洗，然后浸泡，大枣要认真洗净后去核。②把高粱米、大枣果肉连同大枣核一起放进锅里，用文火煮，将枣核过滤后就可以给宝宝吃了。

蔬菜糊

孩子适应了米粉以后，可以每次添加一种蔬菜。放入蔬菜开锅一两次就可以吃了。等孩子对每种蔬菜都适应了以后，可以尝试在米糊中混合两种以上的蔬菜。孩子7个月的时候，可以在辅食中适当添加一些碎牛肉。

材料 泡好的米1～2小勺，胡萝卜5克，水1/2杯。

做法 ①把米泡在水里。②胡萝卜去皮。③将泡好的米和胡萝卜一起放进锅里，然后加水，开锅之后改小火，待米充分煮透以后，就可以出锅了。

南瓜粥

7个半月的孩子可以吃些南瓜粥。开始的时候，先把南瓜汁与米粉一起煮，孩子适应了以后还可以在里面添加一些煮熟的小块红薯。

材料 小南瓜1/6个，糯米粉1/4杯，红薯1/2块，水5杯。

做法 ①把小南瓜去籽去皮，上屉蒸熟后，碾成泥。②把红薯去皮，切成2厘米见方的小块。③在锅里放入南瓜泥，加水煮开后放入糯米粉一起煮，开锅后再放入红薯充分搅匀，等红薯煮软后就可以吃了。

Part

08

200天后的孩子，一切都好吗

宝宝对人的认知能力越来越强，除了爸爸妈妈，还能够区分身边的熟人与陌生人。因此，可以多带孩子去邻居家玩，或是经常带孩子外出，以防止孩子怕生的情况更加严重，而且也应该让孩子多看看外面的世界。这个时期的宝宝，不用妈妈扶着就可以自己坐了。如果有人扶着，他（她）甚至可以用双脚支撑住整个身体。渴望与大人交流，当大人跟他（她）温柔地说话时，就会露出笑容；而当大人声音很大或者态度强硬的时候，他（她）就会表现出不安的神情。这个时期宝宝所表现出来的好奇心是智力发育的源泉。没有好奇心的孩子，对周围的人、物、声音等都会毫不关心。如果孩子没有好奇心，就不会抓住玩具，也不会想要去操作、学习，手和身体活动的能力就会发展缓慢。所以，一定不要破坏孩子的好奇心，相反，还应该帮助孩子把好奇心放大。

宝宝发育正常吗

表8.1和表8.2是7个月婴儿的身体发育统计数据，供参考。

表8.1　7个月时男婴的身体数据

指标	7个月时百分位数						
	3	10	25	50	75	90	97
体重（千克）	7.00	7.50	8.09	8.70	9.30	10.00	11.00
身高（厘米）	65.4	67.1	68.7	70.3	72.1	73.7	75.9
头围（厘米）	41.5	42.3	43.0	44.0	45.0	45.8	47.0
胸围（厘米）	40.6	42.0	43.0	44.5	46.0	47.7	49.6

表8.2　7个月时女婴的身体数据

指标	7个月时百分位数						
	3	10	25	50	75	90	97
体重（千克）	6.62	7.06	7.68	8.20	8.83	9.40	10.00
身高（厘米）	63.7	65.6	67.2	69.0	70.8	72.6	74.6
头围（厘米）	40.5	41.4	42.2	43.1	44.0	45.0	46.2
胸围（厘米）	39.8	41.0	42.3	43.6	45.0	46.7	48.1

7～8个月孩子的生长发育以及育儿作业

爬得更好，活动半径更大

在这个时期，宝宝会对妈妈的动作作出各种反应，所以，妈妈的陪伴显得更加重要。要认真观察孩子的一举一动，不要放过任何一个细微的变化。

这个时期孩子身上的变化

一个人独坐　孩子能坐，意味着骨骼或肌肉的运动功能发育良好。另外，这也是大脑神经支配脊柱的一个证据。

坐着的时候，抬起屁股，向上挺身　这是爬、站、走之前的准备动作。这时候如果扶着孩子站起来，他（她）的膝盖会向外打开。

手的活动能力越来越发达　坐着的时候可以自由活动双手，如果这时在孩子手里放一个玩具，他（她）不但不会拒绝，反而会一个人玩起来。甚至还能用一只手拿起想要的玩具，把玩具放到他（她）想放的地方，或者把一些小东西放进杯子里，听这些东西发出声音。

可以听懂一些简单的话　对于“过来”“吃饭啦”“你好”“谢谢”等这些妈妈经常说的话，已经可以明确地理解是什么意思。如果问他（她）“妈妈在哪儿？”“表在哪

不用手支撑就可以自己坐。

从坐到爬的动作转换。

让孩子自己拿着食物吃。

儿？”他（她）会马上扭头寻找。宝宝能够一边说“拜拜”一边挥手，如果平时经常这样玩，当宝宝听到有人说“拜拜”的时候，他（她）就会跟着挥手。

模仿妈妈的动作 如果妈妈拍手，宝宝也会跟着拍手。这个时期的孩子，越来越热衷于模仿各种动作。

容易感冒 因为免疫力下降，任何一点环境的变化，都可能会导致孩子感冒。

对各种游戏充满兴趣，把注意力集中在玩具上 现在已经正式进入了应该和宝宝好好玩的时期。这个时候宝宝特别喜欢到户外活动。

害怕陌生人 孩子在这个时期开始形成一些特别的喜好，总是要找最初的养育者。如果这时候养育者藏起来，而宝宝又找不到的时候，就会很想念。比如几个星期看不到奶奶，突然见到时宝宝会感到害羞，不肯让奶奶抱。

把手指做成圆状，捏起小物品 相比之前用手掌或全部手指抓起一个东西，现在则更进了一步，已经可以适当地弯曲手指，熟练地拿起周围的物品。

固执 如果妈妈没有满足宝宝的要求，他（她）就会一直哭闹。在不肯吃药或是心情不好的时候，会发脾气。

会发出连续的两个音 已经可以把“妈、爸”等字连起来说了。发育快的孩子，已经可以说出“妈妈”“爸爸”“大大”等两个音的词了。

有意识地解决问题 当把玩具放在毯子上，并且是在宝宝手够不到的地方时，他（她）会一直拉毯子，让玩具离自己越来越近，直到拿到手为止。这个时期的孩子，已经能够理解行动的结果，为了达到目的，他（她）会使用各种手段。这也证明孩子的认知能力得到了进一步的发展。

这个时期妈妈要完成的育儿作业

试着让孩子自己吃东西　虽然在这个时期，用勺子喂辅食还是一件很困难的事，但是可以让孩子手拿着一些切成小块的苹果、黄瓜等自己吃。已经长出门牙的孩子，可以自己咬和啃着吃。让孩子自己吃可以从小培养他（她）的独立性。

有效地应对孩子的闹觉　在这个时期，有些本来睡眠很好的孩子却出现了严重的闹觉情况。白天玩得太兴奋、太疲倦的时候，或者因为外出旅行而打乱了正常生活节奏的时候，都有可能会睡不好。这时候，可以给孩子换一块干净的尿布，然后一边帮他（她）按摩身体，一边哄他（她）睡觉，甚至抱他（她）一会儿也没关系。这时候，尽量不要再逗孩子玩或是喂他（她）吃奶，一定要让孩子养成好的习惯。

感冒后的处理方法　一个合格的妈妈应该明确地知道如何应对咳嗽、嗓子痛、流鼻涕、发热等感冒症状，并且知道如何不让病情恶化成中耳炎，甚至肺炎。

语言与行动并举　当妈妈说“洗澡”的时候，仔细观察孩子会作出什么反应。如果孩子特别兴奋，或是回头看浴室的门，就说明他（她）已经能够通过“洗澡”这两个字，联想到温暖的洗澡水、令人愉快的皮肤接触、玩水等等。能够把语言和行动联系起来，是语言发育的一个巨大进步，所以，在这个阶段，可以多和孩子一起玩这种游戏。例如一边说“你好”，一边打招呼；一边说“给我”，一边伸出手。

不要强迫孩子让陌生人抱　这个时期，孩子会认为妈妈是唯一的朋友。所以，不要让陌生人抱孩子，或者在孩子心情不太好的时候独自留下他（她）一个人。

让宝宝为所欲为　这个时期的宝宝，好奇心极其旺盛，喜欢到处爬来爬去，探索家里的每一个角落。这时候，要尽量让宝宝“为所欲为”，不要给他（她）过多限制。如果担心安全问题，可以采取一些措施，例如给他（她）设置一个固定的活动区域。

在喜欢玩具的时期，给他（她）一些合适的玩具　用布缝制的娃娃、积木、手偶、布书、认知图书、各种触感的球等，都是很好的玩具。

不要给孩子看电视或影碟　2岁之前的孩子，最好不要看电视或是看影碟。刺激性的画面会把大脑发育引向非正常的方向。另外，被动的刺激也会影响孩子的大脑发育。如果一定要给他（她）看，必须是有妈妈陪在身边，并且要不断地跟孩子说话。

减少奶量，增加辅食　逐渐增加辅食，孩子满8个月以后，每顿可以吃100～120毫升的辅食，最好能每天吃3次辅食。

7~8个月孩子的游戏计划

宝宝在能够自由活动身体以后，玩一些能刺激感官的游戏，可以培养他（她）的运动能力和认知能力。宝宝喜欢的玩具和食物，都是引导他（她）发挥主动性的最佳道具。

从坐到爬 让孩子坐好后，利用他（她）喜欢的食物或玩具，吸引他（她）向妈妈这边爬。如果孩子不肯爬，可以拍拍他（她）面前的地板，孩子就会身体前倾，也学着妈妈的样子拍地板。这样一来，孩子就会变成双手支撑，身体向前，准备爬行的姿势。这时候，妈妈可以推一下孩子的后背，帮助他（她）向前爬。

不用手撑，自己坐 让孩子坐在地板上，周围堆一圈枕头，扶住他（她）的身体。可以让孩子屁股坐在地板上，双腿向两边打开，这样有助于他（她）保持平衡。

水平小飞机 把孩子的身体水平抬起，在家里转圈或者是托住孩子腋下，让他（她）趴在妈妈膝盖上，一边发出“一二、一二”“嘣嘣”的声音，一边让他（她）跳。

让孩子站在大人脚背上 扶着孩子站立的时候，可以让孩子站在大人的脚背上，然后向前走。不过，在孩子没有自发地想站立之前，最好不要过早让孩子站。

用膝盖站立 宝宝可以用手抓住椅子，用膝盖着地站起来。这时候，妈妈要一边抓住孩子，一边集中注意力，帮助孩子稳住身体。当孩子扶着椅子站起来后，妈妈可以在不远的地方拿一个玩具让孩子看，孩子就会想要用双手扶着地爬过去。

看图画书 这个时期的孩子开始喜欢看图画书。可以帮助宝宝选择能撕能咬的布书或者能防水的图画书，洗澡的时候放在澡盆里，孩子可以一边翻书，一边玩水。

手的游戏 可以选择用手掌或手指抓住摇晃、能够挂起来拉动、按一个键就会有东西跳出来、可以打开盖子拿出来或者用手一按就会发出声音的玩具等。手部的活动与大脑的发育有着密切的关系。

玩球 这个时期的宝宝非常喜欢抱着球玩。开始的时候，最好选择一些容易手拿的布球或毛线球。可以准备一个大箱子，然后妈妈和宝宝一起向箱里扔球。

在宽敞的空间里爬来爬去 不要把孩子关在一个狭小的空间里，在确定周围是安全的情况下，尽量让孩子可以随意爬。这个空间当然应该是宽敞和安全的，还可以在里面设置一些高低不同的阶梯，或是可以攀爬的台子，让孩子可以独立体会到空间的变化。

触觉游戏 利用布球、塑料球、柔软的毛线球等，刺激孩子的触感和手部的活动能力。这种用于触感游戏的球不能太大，直径在10厘米左右比较合适。

玩玩具 对已经会爬的孩子来说，需要一些能够拉动的玩具来玩。可以挑选一些有大轮子（大小为15厘米左右），拖拉起来比较容易的玩具。另外，可以摇头的小狗、会发出声音的小汽车、会眨眼的娃娃等都是不错的选择。婴儿用的秋千也可以在这时候派上用场。

听歌 爸爸妈妈多给孩子唱歌，可以提高宝宝的乐感和听力。

7～8个月孩子的一天

这个时期的宝宝，对世界的好奇心越来越强，可以到处爬来爬去，独自探索。辅食也吃得越来越好了。

宝宝姓名　洪源硕
月龄　7个月
出生时体重　3.4千克
目前体重　7.8千克
分娩方式　自然分娩
喂养方式　母乳喂养

吃奶情况　每天4～5次。

辅食　每天2次，每次30～50毫升，每天吃一次蒸熟的苹果或梨，喜欢米粉，添加了胡萝卜和菠菜后，宝宝更喜欢了。

发育情况　现在已经可以用膝盖支撑好，摇晃着身体，一点点挪动膝盖向前爬行。扶他坐好后，他不会摔到，可以用手撑着半起半坐。常常一个人扶着儿童沙发的扶手，想要站起来。

皮肤问题和解决对策　胎热期的时候，脸和耳朵有一些小疙瘩。现在只要感觉稍热，脸和耳朵就会变红。正在涂抹医院开的药膏，平时也特别注意皮肤的保湿。

睡眠问题和解决对策　哄睡觉要花费较长时间，要抱，还要吃20分钟的奶，但夜里睡着以后可以一直到第二天早上才醒。如果不肯睡，只要抱着唱催眠曲就可以了。

游戏时间　喜欢找东西和玩藏猫猫游戏。

我的宝贝　对玩具卡车表现出了浓厚的兴趣，喜欢一切会发出声音的玩具，还喜欢餐具和勺子等生活用品。

宝宝姓名　李延宇
月龄　7个月
出生时体重　2.9千克
目前体重　8千克
分娩方式　剖宫产
喂养方式　母乳喂养

吃奶情况　每天4～6次。

辅食　每天2次，每次40～60毫升。通常以米为主，还会加入牛肉和鸡肉以及各种蔬菜一起煮粥。

发育情况　还不会爬，不过可以自由翻身，会发出“咯咯”的笑声。

睡眠问题和解决对策　开始会翻身以后，闹觉情况变得比较严重。后半夜会醒两三次，而且伴随着哭闹。

游戏时间　喜欢各种能够活动四肢的身体游戏，每天听妈妈读2～3本童话书。

我的宝贝　因为还不会爬，所以去外面的儿童娱乐区时，只能在原地玩耍。最近奶喝得不多，辅食也吃得不是很好，因此妈妈有些担心。另一个更让妈妈担心的问题是，至今还无法断掉夜奶。尽管这样，只要一看到孩子的笑脸，妈妈所有的烦心事都会烟消云散。

宝宝姓名　任熙珍
月龄　7个月零10天
出生时体重　3.25千克
目前体重　6.8千克
分娩方式　自然分娩
喂养方式　混合喂养

吃奶情况　白天吃母乳，只在晚上睡觉之前吃一次奶粉，每次120～150毫升。

辅食　每天吃3次蔬菜。

发育情况　百天的时候开始会翻身，5个月时会用肚子向前爬，会自己坐着玩。

皮肤问题和解决对策　完全没有问题。

睡眠问题和解决对策　困了的时候，一般是抱着睡或是喂完奶睡。通常是10点多睡觉，早上6～8点起床。中间经常会醒，抱一会儿就会继续睡。

游戏时间　喜欢扔球接球，玩娃娃，喜欢看色彩鲜艳的布书，喜欢撞到爸爸身上，让爸爸把她向前翻或向后翻。

我的宝贝　最喜欢在桌子腿椅子腿之间来回转。不需要别人的帮助，可以独自扶着桌子站起来。经常外出，所以不太怕生。生气或是着急的时候，会趴在妈妈怀里，好像受了委屈似的咿咿呀呀。百天以后，食量似乎比同龄孩子少了。吃奶粉的话，多的时候也就150毫升。

宝宝姓名　金民灿
月龄　7个月零10天
出生时体重　3.8千克
目前体重　10千克
分娩方式　水中分娩
喂养方式　母乳喂养

吃奶情况　一般一天5次左右。

辅食　一天2次，主要是各种粥。

发育情况　可以独坐了。抓着沙发或床、玩具等，可以自己站起来。能够准确地叫出爸爸、妈妈，尤其喜欢叫爸爸。只要听到手机里传出爸爸的说话声，就会叫爸爸。

睡眠问题和解决对策　吃奶后，10点左右睡，凌晨要吃一次奶，然后睡到早晨9点左右起床。

游戏时间　喜欢活动身体的各种游戏。

我的宝贝　体质不错，体重已经达到了10千克。性格也很好，完全不会怕生，即使是初次见到的人，也会冲人家笑，所以就有了“嘻嘻”这个别名。喜欢听音乐，而且会一边听一边手舞足蹈。不过，看到医生的时候会哭。

宝宝姓名　金贤彬
月龄　7个月零16天
出生时体重　3.23千克
目前体重　7.8千克
分娩方式　自然分娩
喂养方式　母乳喂养

吃奶情况　每天4～5次，每次180毫升。

辅食　每天2次，以蔬菜粥为主，会用水果当点心。

发育情况　差不多5个月的时候会翻身。没经过爬的过程，就直接会自己坐着玩儿了。

皮肤问题和解决对策　皮肤很干净。

睡眠问题和解决对策　必须要哄才能睡。睡觉的时候要抱着，旁边还要有音乐。晚上10点或10点半睡觉，夜里不醒。即使醒了，只要稍微拍一拍就会继续睡了。

游戏时间　喜欢手里抓着铃铛摇晃，还喜欢把铃铛放进嘴里咬。喜欢带音乐的玩具。经常给她看各种视觉刺激卡片。

我的宝贝　5个月的时候，就长出了两颗下牙。虽然有些担心是不是太早了，不过相信只要细心的照料，应该不会有什么问题。不管是什么，只要拿到手了就一定会放进嘴里咬。不久前会用肚子向前爬，现在已经爬得很快了。喜欢摇铃铛，玩藏猫猫，看图画书。尤其喜欢看哥哥玩耍或者学习的样子。偶尔会闹觉，甚至会用指甲把脸抓破，妈妈对这方面还是有些担心。

宝宝姓名　崔胜利
月龄　7个月零18天
出生时体重　2.8千克
目前体重　8.5千克
分娩方式　自然分娩
喂养方式　5个月之前母乳喂养，目前是混合喂养

吃奶情况　每天4次。

辅食　从5个月零20天的时候开始吃米粉，还会给他吃煮了海带的肉汤，并在里面添加一种蔬菜（胡萝卜、小南瓜、黄瓜、栗子、红薯、香菇、洋葱、西兰花、土豆等）。现在会把鸡胸肉煮熟后放在肉汤里，再放入各种蔬菜给他吃。偶尔会吃水果当作点心。

发育情况　2个月的时候，脖子就可以挺直了。百天时学会翻身，并且想要爬。5个月的时候，开始到处爬，6个月零10天的时候，可以扶着东西站起来。不喜欢坐，只想站着，并且喜欢被拉着慢慢跑。有不喜欢的东西或者无聊的时候，会发出一些特有的声音。最近，哭的时候，会一边喊“妈妈”一边哭。

皮肤问题和解决对策　没有任何问题。

游戏时间　非常喜欢玩藏猫猫。已经可以领着他的手，在房间里四处走了，喜欢被拉着手慢慢向前跑。喜欢把各种玩具（玩具钢琴、婴儿健身器、铃铛等）放进嘴里咬。

我的宝贝　每天妈妈送爸爸上班时，他都喜欢跟着来捣乱，好像以为是要带他出门似的。

7～8个月期间的感冒预防

宝宝出生6个月以后，开始容易患感冒。如果得了感冒就会伴随发热、咳嗽、流鼻涕等症状，这会给宝宝造成很大的痛苦。

Tips 感冒是怎么回事

感冒，是鼻、咽、喉、气管等呼吸道出现了炎症，主要原因是病毒感染。从6个月开始到2岁之前，宝宝最容易得的病就是感冒。有很多孩子一年会得5～8次感冒。所以，在这段时间，一定要特别注意。过了2岁以后，孩子患感冒的几率会大大减少。

发热

当宝宝的体温稍有异常时，妈妈应该立刻想办法给孩子降温。不过，发热是身体与病毒的一种抗争现象，所以如果宝宝没有表现出什么异常，并且精神状态很好的话，也可以先静观其变。只要没有超过38.5℃，就可以用湿毛巾擦身等物理方法进行降温。

发热时应该这样做 如果测量体温后，发现已经到37.5℃以上，就属于发热了。如果孩子并没有表现得很烦躁，而是玩得很好，那么可以先不做处置。不过，如果体温达到38℃以上，就必须要采取降温措施了。拿掉孩子的尿布，用温水浸湿毛巾擦拭孩子的身体，间隔1～2分钟后再继续擦。不要把湿毛巾放在孩子身上，也不要用冷水。如果擦了10～20分钟以后，体温还没有下降，就要想别的办法了。退烧药一般是按照体重来吃的，给孩子吃退烧药一定要注意剂量，如果没有退烧，3小时之后要再吃一次。

中医建议的症状缓解法

为了避免孩子因为发热而引起脱水，及时给孩子补充水分是非常重要的。煮一些大麦决明子茶或忍冬藤蔓茶，代替水喂给宝宝喝，对退烧也有一定疗效。减少肉类、面食，以及油炸食物的摄入，让宝宝多吃一些新鲜蔬菜。

大麦决明子茶　将大麦和决明子按照1∶1的比例混合后煮开，随时饮用。

忍冬藤蔓茶　用麻布包一把忍冬，煮30分钟后，随时饮用。

牛蒡汁　把牛蒡切碎榨汁，和水按照1∶1的比例混合后饮用。如果孩子不肯喝，可以加一些糖。

流鼻涕

最开始时是清鼻涕，然后逐渐变成黄鼻涕。流鼻涕导致的最大问题是鼻涕干了以后会堵住鼻孔，造成呼吸困难。

鼻塞时应该这样做　最重要的是不要让空气过分干燥。太热或者直接吹冷风，对身体都是没有好处的。而简单的按摩会对缓解宝宝的鼻塞有一些帮助，轻按双眼之间的鼻梁，并上下按摩。不过，不要在鼻子的部位特别用力。因为鼻子连接着耳朵，以免耳朵受到影响。只有鼻子里有一定量的鼻涕，才能发挥鼻黏膜的作用，所以在使用一些药物和工具的时候，要特别慎重。

Tips 热伤风

风的特点是开始的时候是四肢无力、流鼻涕、鼻塞，然后逐渐出现呼吸系统异常的症状。有的时候，没有咳嗽和打喷嚏，只是发热，体温也不是很高，但有可能引发结膜炎和腹痛。有时，感冒症状过去以后，头痛和呕吐会加重，嗓子发干，并伴有痉挛。病情可能会发展成为无菌性脑膜炎，手掌、脚掌和嘴里出现疱疹，流口水，完全无法吃东西的“手足口病”，还可能出现嗓子红肿，眼睛出现结膜炎症状的“咽头结膜炎”等各种症状。引发热伤风的原因很多，根本的原因是病毒，所以并没有什么特效药。出现高热、食欲下降的情况时，一定要多喝水，防止出现脱水。嘴里出现疱疹而引发严重的炎症时，要避免吃过热和刺激性的食物，可以吃一些清淡的流食。

预防热伤风的方法是根据天气适时增减衣物，尤其是早晚温差较大时，更要注意保暖。另外，在使用空调的时候，室内外温差不要超过5℃，每隔一小时就要开窗通通风。如果要去人多、灰尘多的地方，一定要保证睡眠，并充分摄取富含蛋白质和维生素的食物。

中医建议的症状缓解法

甘草大枣茶 把15克大枣和2克甘草混合，煮开后服用。

葱敷 鼻塞时，葱敷是一种很好的方法。把葱白部分按照适当的长度切成段，加水煮开以后，趁热用毛巾或手帕浸湿后敷在脖子上。毛巾干了可以再换一个新的毛巾继续敷。

洋葱汁 同时出现打喷嚏和流鼻涕两种症状时，使用洋葱汁可以缓解流鼻涕，促进血液循环。在适量的洋葱汁和姜汁中加入少量酱油和热水，调匀后服用。还有一种方法，夜里把洋葱放在头底下，枕着入睡。特别是在打喷嚏的时候，这种方法简单有效。利用洋葱治疗打喷嚏，在西方是一种历史悠久的民间疗法。

嗓子干痛

出现嗓子干痛的时候，嗓子会觉得干渴，而且会觉得痒痒，呼吸急促，咽东西的时候会觉得疼，说话困难，同时还伴有高热。如果孩子拒绝吃辅食，甚至拒绝吃奶，就有可能是因为嗓子感到不舒服。

嗓子干痛时应该这样做 当孩子出现嗓子干痛的症状时，首先要用围巾或毛巾包裹好脖子。如果嗓子红肿、呼吸困难，就必须要到医院接受治疗。吃一些类似冰淇淋等凉的食物，也可以缓解症状，不过这只能是临时的应急办法。

中医建议的症状缓解法

薄荷茶 薄荷可以清热。将4克薄荷放在200毫升的水里煮，煮的时间不用太长，尽量保留薄荷的味道。

咳嗽

咳嗽是从支气管或肺里向外咯出异物的信号，这种现象与发热类似，是身体自我保护的一种方式。如果咳嗽持续的时间很长，就不是单纯的咳嗽了，须要去医院接受治疗，查明真正的原因。

痰严重时应该这样做 咳嗽是为了向外排痰。所以，如果想停止咳嗽，必须要把痰排出。当痰比较多的时候，要让孩子多休息，多喝水。水可以让痰变稀，更容易排出体外。可以略微提高室内的湿度，同时经常开窗通风，防止湿度过大。房间里还要禁止一切烟雾。为了促进痰的排出，最好能经常变换孩子的姿势。如果是略大的孩子，可以让他

（她）干咳或是先深呼吸，再使劲向外吐痰，还可以轻拍孩子的胸口和后背帮他（她）把痰排出。

中医建议的症状缓解法

杏仁茶 40克杏仁加水1升，煮2～3个小时后当茶饮用。如果孩子不喜欢喝，可以在米里加入8克杏仁，然后熬成粥食用，每天空腹吃3次。因为杏仁的尖部含有一种叫做氯化钾的毒性物质，所以杏仁必须要在热水中煮后才能食用，而且要去掉尖部和皮。腹泻或贫血的孩子不能使用此方。

松子粥、核桃粥 松子和核桃可以强化免疫功能，对缓解感冒也有一定疗效。煮好米粥以后，放入剥好的松子，略煮后就可以吃了。用核桃煮粥的时候，记住一定要给核桃去皮。

五味子茶 五味子30克加4杯水，煮30分钟以后趁热喝下，每天3次。如果煮的时间过长，酸味加重，孩子会不喜欢喝，所以要尽量调好味道。

腹泻

患了感冒以后，有很多孩子会紧跟着出现腹泻。引起感冒的病毒，同样也会引起腹泻。因此，通常宝宝在感冒结束的时候，都会紧跟着腹泻。在得了感冒以后，身体比较虚弱的时候，肠炎病毒也会趁机侵入。这时候，必须要去医院接受治疗。

腹泻时应该这样做 腹泻的时候，可以减少食量，按照宝宝的需求给他（她）吃东西，奶粉也要冲调得稀一些。适当多喝一些温水，这是预防脱水的最好方法。尽量避免食用冷食或是油性大的食物。

关于7～8个月婴儿的问题与解答

Q　孩子为什么不愿意找爸爸?

A　一些之前没有与爸爸形成亲密关系的孩子，大部分在开始怕生的时期不喜欢爸爸或者只要一看到爸爸就不肯靠近，甚至会哭闹。无论什么原因，没能与孩子建立良好关系的爸爸应该从现在开始努力，尽快度过这个时期。最好的方法就是多和孩子一起玩，这个时期的孩子已经能够自由活动，可以准备几个孩子和爸爸一起玩的游戏。当爸爸和孩子一起玩得开心的时候，妈妈最好不要参与进来，只是在旁边看就可以了。

Q　孩子发高烧去医院后，诊断为尿路感染，怎么办?

A　孩子的尿路感染与成年人不同，不是通过尿道侵入到膀胱或肾脏，大部分是因为上呼吸道感染或胃肠炎等其他感染通过血液侵入到尿道或肾脏。女孩因为尿道比较短，所以得这种病的几率比较低，而男孩出现尿路感染的情况比较多。另外，男孩肾脏或尿道的畸形的可能性要比女孩大，这也是男孩尿路感染发病较多的主要原因。如果男孩出现尿路感染，要通过对肾脏进行超声波检查或肾脏造影检查等，来确认是否存在肾脏或尿道的畸形。如果是尿路感染，使用抗生素可以治疗，只要不是肾脏畸形，基本不会复发，所以不必特别担心。如果是存在畸形的情况，则要在成年之前持续服用抗生素或者是进行手术治疗。

Q　宝宝从桌子上掉下来时磕到头，怎么办?

A　发生这种坠落事故后，必须要注意观察孩子的状态。如果孩子掉下来以后，立刻大哭，那么就可以基本放心。如果孩子没有哭，或者持续哭了30分钟以上，或停止哭闹后还是经常没来由地哭，并且精神状况不佳，那就必须要去医院检查。孩子的头碰到地面后出现红肿且一直不退或者出现头皮出血，也要去医院诊治。

如果没有这些情况，也不能完全放心。也有外表看着没事，可大脑内部受到损伤的情况。如果孩子出现精神不好，不愿意吃东西，呕吐或发热等与平时不同的症状，则要立刻去医院检查。如果孩子还和平时一样玩耍、吃东西，精神状态也很好，就不必过分担心。

Q　乳牙长得早，以后的恒牙会不好，是真的吗?

A　乳牙长得快，并不会对恒牙造成什么影响。只是乳牙出得比较快的孩子，恒牙也往往会出得比较早。这样会存在一个问题：孩子年龄还很小就要每天刷牙，还要减少甜食摄入，这对孩子来说可能比较困难。不过，如果妈妈能在孩子的牙齿上多花些精力，平时注意保护孩子的乳牙，乳牙出得早也不会对日后的恒牙造成任何不好的影响。

Q　可以给宝宝喝豆奶吗?

A　有些妈妈会用豆奶来代替奶粉。不过，目前还没有资料证明，配方豆奶可以代替配方奶粉，所以专家并不建议这样做。豆奶经常会用在对奶粉过敏的孩子身上，这不是妈妈随便就可以决定的，而是要按照医生的处方来做。1周岁以后，可以给孩子喝鲜奶（译注：如果家庭经济条件许可，配方奶比鲜奶更好，更适合成长过程中的幼儿），因为鲜奶的钙含量要更高。

Part 09

8个月后的孩子，一切都好吗

很多妈妈都会有这样的担心，如果孩子的身体发育比较晚，智力发育是不是也会比较晚呢？其实这种担心是完全没有必要的，有很多例子都证明：各方面发育都比较晚的孩子，长大后照样很聪明。另外，孩子表现出的感官运动技巧和社会技巧，与智力发育并没有关系。因此，不要总是把孩子与其他小宝宝或是某些特定的指标相比较。应该关注的是，自己的孩子比一周前，比一个月前有了多大的进步。人为的拔苗助长是没有意义的。不过，如果不能给孩子提供一个能促进其发育的适当环境，孩子的发育的确会比较迟缓。要知道，给身体适当的刺激，照顾好他（她）的健康，给他（她）充分的爱……无论如何，这些事情都是孩子身体、智力发育必不可少的催化剂。

宝宝发育正常吗

表9.1和表9.2是8个月婴儿的身体发育统计数据，供参考。

表9.1　8个月时男婴的身体数据

指标	8个月时百分位数						
	3	10	25	50	75	90	97
体重（千克）	7.27	7.90	8.50	9.00	9.52	10.20	10.90
身高（厘米）	67.2	68.9	70.3	71.9	73.5	75.0	77.3
头围（厘米）	42.0	43.0	43.7	44.7	45.5	46.5	47.2
胸围（厘米）	42.0	42.8	43.9	45.1	46.5	48.0	50.0

表9.2　8个月时女婴的身体数据

指标	8个月时百分位数						
	3	10	25	50	75	90	97
体重（千克）	6.80	7.36	7.90	8.46	9.00	9.60	10.31
身高（厘米）	65.4	67.2	69.1	70.6	72.0	73.6	75.0
头围（厘米）	41.0	42.0	43.0	43.8	44.7	45.6	47.0
胸围（厘米）	40.5	41.5	43.0	44.0	45.4	47.0	48.2

8～9个月孩子的生长发育以及育儿作业

蹒跚学步中

8个月的宝宝已经有了记忆力，喜欢模仿别人，看到陌生人会感到害怕。在这个时期，要注意宝宝运动能力和认知能力的培养。

这个时期孩子身上的变化

大人扶着的时候，可以站立，并且挪动几步 用手臂扶住宝宝的腋下，让他（她）站起来，然后宝宝就会挪动脚步，甚至想要向前跑。这个游戏可以很好地锻炼宝宝屁股、腰、小腿以及脚踝的肌肉。

开始添加中期辅食。

在孩子身边放一些东西，可以让他扶着站起来，并走几步。

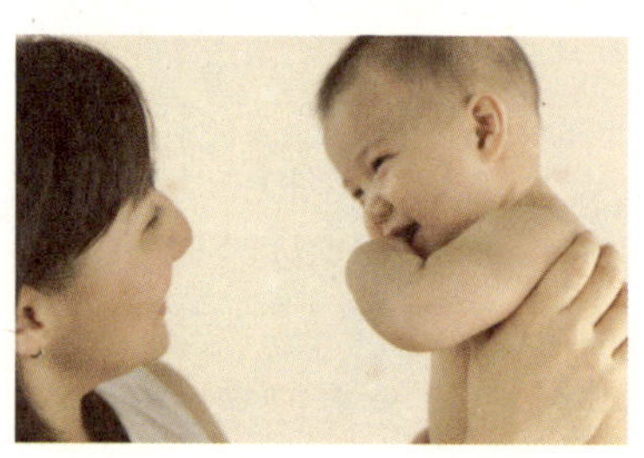
孩子发出声音后，妈妈要给予回答。帮助孩子把词语和意思联系起来。

和父母分开会感到不安　因为与妈妈的亲密关系持续发展，所以当妈妈不在身边的时候，宝宝会表现出极大的不安。因此，只要妈妈一离开他（她）的视野，就会开始哭。

两只手可以轮番交换物品　可以把一只手里拿着的食物交到另一只手里，也可以两只手里都拿着食物，轮番咬着吃。因此，在这个阶段，可以给宝宝一些能够自己拿着吃的东西，这样可以锻炼手指的灵活性。

可以用拇指和食指捡起小物品　手指可以分开，小肌肉足够发达，可以用拇指和食指准确地捡起掉在地上的小物品，如扣子等。

体重增加速度放慢　因为孩子的活动越来越多，之前增加较快的体重，增长速度会减缓下来。如果辅食吃得不好，体重甚至不会增加。

开始会说一个单词　开始会叫“妈妈”“姆妈”。但是，还不能准确做到在想找妈妈的时候喊出“妈妈”。

可以爬到想去的地方　随着宝宝肩膀和胸部肌肉的发达，以及平衡感的发展，宝宝的爬行越来越熟练，已经可以爬到任何想去的地方。这可以带给孩子达到目的的喜悦，并且可以吸引他（她）对所有事物都充满兴趣。

产生恋物情结　宝宝8个月的时候，当抚摸小熊或是一些柔软的布质玩具时，会有一种平静舒适的感觉。这些可以让孩子感觉平静的物品对于其情感发育很有帮助。

发出汽艇的声音（咂嘴声）　8个月的时候，宝宝已经准备说出第一个词语，而第一步就是要把声母和韵母拼在一起。舌头在嘴唇之间活动，会发出“嗒嗒嗒嗒”，两个嘴唇接触到一起会发出“噗噗噗噗”等类似汽艇的声音。这种行为表示，宝宝正在探索声音。

可以听懂“不行”“不要”　当宝宝把手伸向电源插座时，如果妈妈说“不行”，他（她）就会立刻停下刚才的动作。当妈妈说“等一下”的时候，他（她）也会知道要等待。

这个时期妈妈要完成的育儿作业

接受发育过程中的个体差异 在这个时期，有的孩子好像已经满一岁的样子，而有的孩子却好像还不足6个月；有的孩子已经可以独自站立，而有的孩子才刚刚会坐。这其实只是发育速度上的个体差异，不能认为是孩子落后了或者是存在什么问题。只要体重持续增加，孩子每天精神都很好，玩得也很好，就不必对发育速度太过担心。不过，如果到现在还不能挺直脖子或者不会翻身，最好去医院做一些相关的检查。

开始添加中期辅食 现在这个时期，应该要通过辅食来补充母乳中不足的营养。通常来说，辅食应该达到每天3次，每次100毫升。这三顿中至少要有一顿是包含蛋白质的。蛋白质食品不仅对身体的生长发育有好处，而且还含有蛋白质、铁、维生素B_{12}、维生素B_1、锌、烟酸等孩子生长所必需的营养元素。

给孩子穿着方便活动的衣服 孩子这个时期的活动比较多，所以穿衣服的时候首先应该考虑是否适合运动，而不是单纯为了漂亮。夏天的时候，可以脱掉裤子，只穿尿布。

断掉夜奶 现在应该已经到了断掉夜奶的时候了。如果仍然继续在夜里喂奶，以后断奶会很困难，而且夜里吃得太多，还会影响白天的辅食。如果想断掉夜奶，白天的时候尽量不让孩子睡觉，让他（她）充分活动和玩耍。即使夜里醒了，也不要给他（她）喂奶，而只是拍一拍，哄一哄。开始的时候，孩子可能会哭闹几天，不过，相信孩子很快就会适应了。

给孩子解说一天的活动 因为孩子已经可以听懂一些简单的话，所以可以把一天的活动都解说给他（她）听，例如“到吃饭时间了”“在椅子上坐好”“去洗澡啦”“我们去散步吧”等。这样可以让孩子提前知道将要发生什么事情。

开始使用杯子 最迟到9个月的时候，开始给宝宝喝水或喝果汁时，不要使用奶瓶，而是培养他（她）使用杯子的习惯。否则的话，会很难断掉奶瓶。如果宝宝不肯用杯子，也可以先从吸管杯开始。

给孩子一些可以用手拿着吃的东西 可以经常在桌子上放一些小零食，让孩子自己抓着吃，例如蒸熟的土豆、黄瓜、苹果、梨、通心粉、切成小块的点心等。

尽早开始对乳牙的保护 乳牙是非常容易被腐蚀的。如果乳牙被腐蚀，就只能拔掉，但那样的话，很容易造成恒牙排列不整齐。孩子吃完东西和喝完奶以后，都要用纱布把他

（她）的乳牙和牙床擦干净。也可以准备一把婴儿用的牙刷，让孩子自己拿着，把嘴里刷一刷，都会对保护好孩子的乳牙很有帮助。

对孩子的声音作出反应 当孩子发出“噗噗噗噗”类似汽艇的声音时，妈妈应该马上作出反应，“哇，我的宝宝真棒”。当宝宝停止发出声音的时候，就是应该妈妈作出回答的时候了。和孩子一起玩的时候，多使用各种拟声词，这样，孩子可以很容易地跟妈妈一起发出声音。告诉宝宝汽车是“呜呜”地开，风是“呼呼”地吹，这样孩子可以同时学习到语言、声音以及含义。

明确告诉孩子可以与不可以 这个时期的孩子会通过一些特有的方式来表达自己的主张。他（她）会通过不高兴的表情、哭声或是摇头等妈妈可以明白的方法，来表达自己的意思。这时候一定要明确告诉孩子，什么事情是不可以的。如果完全采取放任态度，以后孩子可能会变得很不听话。不过，如果不分情况，任何事情都说“不行”，孩子会感到很大压力，以后就算听到这两个字也会听不进去。所以，最好只对那些真正会威胁到孩子安全的事情说“不行”。

给孩子准备一个可以自由玩耍的空间 虽然不需要给孩子单独准备一个装满玩具的房间，但是一个不会听到“不行”，可以随心所欲活动身体，探索一切的空间还是很有必要的。孩子都会很喜欢角落的地方，比如桌子、椅子底下，甚至床底下，都是他们的乐园。因此，可以在沙发后面铺上毯子，拿走一切危险的物品，给孩子创造一个只属于他（她）自己的，同时又是安全的空间。

通过手部的小动作提高认知能力

8～9个月孩子的游戏计划

这个时期的孩子已经有了记忆力，喜欢模仿别人，能够区分认识与不认识的人。能够做一些复杂的动作。

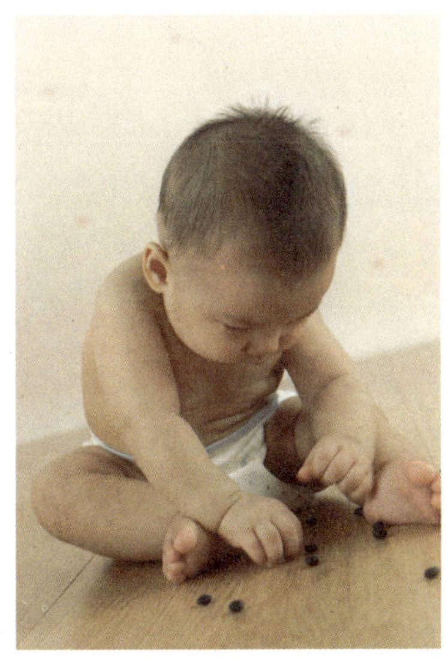

用两个手指捏豆子 在地板上放一些纽扣、豆子、葡萄干等可以用手指捏起的小东西，然后妈妈要先做出捏东西的样子。如果孩子捏不好，妈妈可以上去帮忙。这个游戏可以锻炼孩子的手部肌肉，并促进手眼协调性的发育。不过，一定要注意别让孩子吃到嘴里。

喜欢玩一按就会弹出东西的玩具 给孩子一些能够让他（她）想起什么的玩具，有助于促进记忆力的发育。一按按钮，就会从里面弹出一个物体，并做出简单的动作，给宝宝一个这样的玩具，他（她）会自得其乐地玩上好一会儿。

跟着音乐跳舞 播放一首欢快的儿歌，妈妈先做出示范，然后让宝宝跟着节奏活动身体，这样可以提高宝宝对音乐的认知能力。

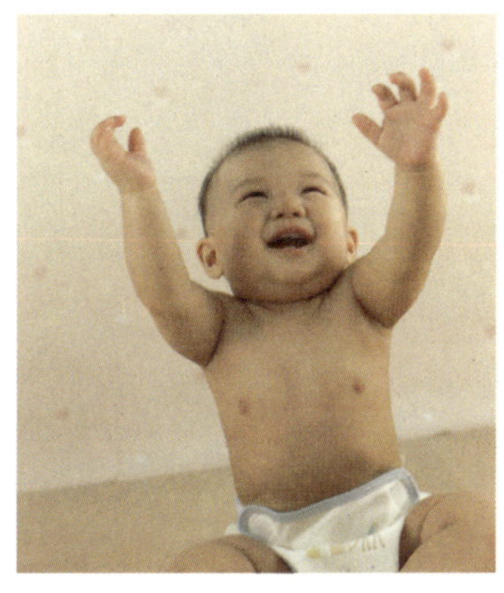

一边玩一边发出敲打的声音 会发出敲打声音的玩具，除了能够刺激宝宝的听觉，还可以满足他（她）动手的要求，促进手部的活动能力。另外，一边敲打一边玩，也是一种节奏教育。最好是妈妈和宝宝一起，在家里到处走，然后敲打各种东西。可以敲敲桌子，敲敲窗户，可以敲任何他（她）感兴趣的东西，每件东西都会发出不同的声音。这样做可以让孩子知道，敲打也是一种探索的方法。

吹的游戏 “呼呼”吹气的游戏，对发声能力以及听力、视力，中枢神经系统的发育等都具有一定的促进作用。向孩子的脸上吹气，孩子就会咯咯地笑，然后也可以让孩子模仿这个动作。

叉开双腿，和孩子捉迷藏 这也算是藏猫猫的一种。叉开双腿，把孩子放在两腿之间，然后突然向上举起来，嘴里说“猫儿”。把宝宝放在两腿之间，可以稍停一会儿再把他（她）举起来，这样做有助于孩子的记忆。

把物品扔掉再拣起来 让孩子坐在椅子上，给他（她）手里拿一个玩具，然后把孩子手里的玩具碰掉，一边大叫一声，“哇——掉啦”，一边作出夸张的表情，把玩具捡起来交回宝宝手上，然后再碰掉。反复几次之后，宝宝逐渐就会自己把东西扔掉了。

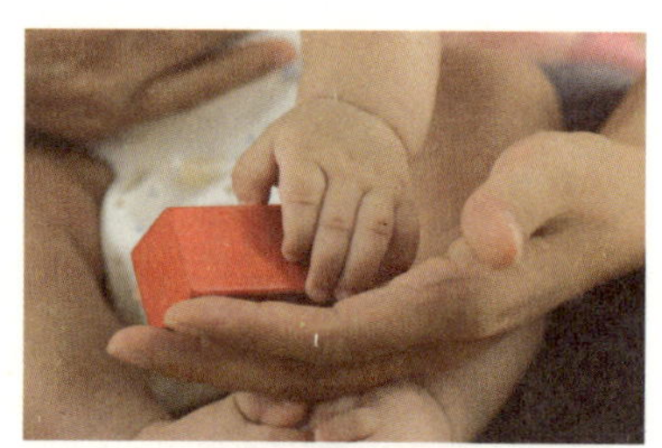

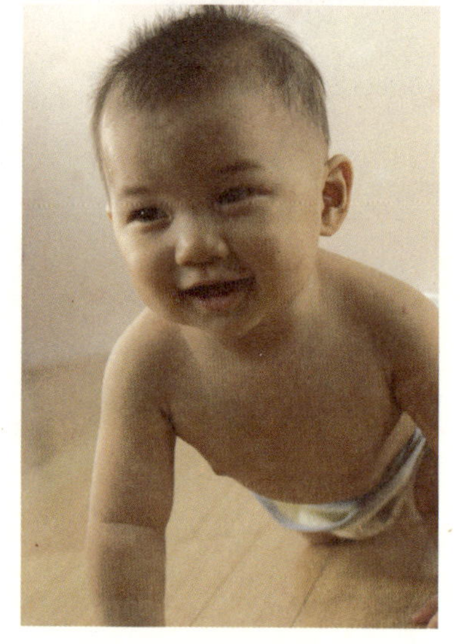

独自和小镜子玩 当孩子的自我意识有一定发展以后，给他（她）一些独自玩耍的时间是很重要的。孩子可以一边在镜子前面动来动去，一边看镜子里自己的样子有什么变化。

把手和膝盖撑在地板上，摇晃身体 这个游戏最适合那些还不能用两只手臂或是两条腿向前爬的孩子。让孩子趴在地上，然后在其胸部下面垫一块毛巾，妈妈抓住毛巾的两头把他（她）提起来。这样，孩子就只有手和膝盖撑着地板。这时候，前后移动毛巾，宝宝就可以在用手和膝盖撑着地板的情况下，前后摇晃身体。

8~9个月孩子的一天

发育快的孩子，已经可以站立了。大部分8个月的孩子可以爬得很快，而且已经开始有了自己的主张。

宝宝姓名　赵秀正、赵秀振
月龄　8个月零19天
出生时体重　秀正1.59千克，秀振1.89千克（孕32周时出生）
目前体重　秀正7.6千克，秀振9.5千克
分娩方式　剖宫产
喂养方式　满月之前混合喂养，目前人工喂养

吃奶情况　秀正每天4次，每次180毫升；秀振每天4次，每次200毫升。

辅食　每天2次，早上的辅食主要是把两三种米、杂粮和蔬菜（偶尔也会有肉）煮一个小时后食用。

发育情况　秀正7个月才会翻身，妈妈一度还比较担心。不过，他现在只用手和脚尖就能撑住身体。要是发现了他喜欢的东西，会迅速从房间这头爬到那头。

皮肤问题和解决对策　秀振有过敏现象，洗澡后坚持涂抹润肤露，辅食方面尽量选择有机产品。

睡眠问题和解决对策　偶尔会在凌晨的时候醒来，秀振喝点水后会继续睡，而秀正则要抱一会儿或是拍拍后背才能接着睡。

游戏时间　玩藏猫猫的时候，会笑得很开心。

我的宝贝　因为是早产儿，能够健康地长大，吃东西、睡觉等各方面都很好，妈妈就已经非常满意了。

宝宝姓名　朴宝贤
月龄　8个月零9天
出生时体重　3.4千克
目前体重　9.2千克
分娩方式　自然分娩
喂养方式　3个月之前母乳喂养，目前人工喂养

吃奶情况　每天5次，每次240毫升。

辅食　每天5次。白天大人吃饭的时候，会跟着吃一点饭，下午1点和5点左右，会吃一些购买的成品辅食，随时都会吃各种水果（葡萄、桃子、香蕉等）。

发育情况　和同龄的孩子相比，属于体重较重和身高较高的孩子。抓着东西可以站起来，并且摇晃身体。会说“妈妈”“爸爸”。

游戏时间　喜欢玩拍手、藏猫猫，做儿童体操。早上爸爸上班的时候，会一边挥手，一边叫“爸爸”。

我的宝贝　几天之前，刚出了两颗下牙。还没满月的时候，曾经大病过一次，住了一周的医院。不过后来一直都很健康。属于脾气比较倔的孩子，家里人谁都拿他没办法。有一件让妈妈很遗憾的事，出生的时候本来鼻梁很高，可现在却越来越塌了。

宝宝姓名　崔智恩
月龄　8个月零12天
出生时体重　3.0千克
目前体重　7.5千克
分娩方式　剖宫产
喂养方式　人工喂养

吃奶情况　每天4~5次，每次120毫升。

辅食　每天2次，因为出汗比较多，所以会在水里加入黄芪、栗子和大枣，煮熟喂给孩子喝。在牛肉中加入葱、洋葱、胡萝卜，充分浸泡后，捞出牛肉，再用这个水煮粥，然后把煮熟的牛肉切碎后放进去。每次吃120毫升以上。

发育情况　趴着的时候，可以独立坐起来。已经可以抓着东西站起来，虽然时间很短，但是已经能够独自站住了。

皮肤问题和解决对策　皮肤很干净。

睡眠问题和解决对策　晚上9~10点睡觉，关灯以后，独自玩一会儿就会入睡了。早上5~6点醒来，吃奶后会继续睡到7~8点，然后起床。

游戏时间　一个人也可以玩得很好。喜欢让妈妈一边抱着一边

唱歌。看镜子的时候，会晃动身体。妈妈经常让他躺着，帮他做儿童体操，还会给他看图画书。

我的宝贝 现在已经能抓着东西站起来了，应该很快就能走了。如果给他一本书，他就会一个人一边翻一边玩。属于很乖的孩子，吃饭睡觉都不用太费心。

宝宝姓名 任正延
月龄 8个月零12天
出生时体重 2.9千克
目前体重 7.9千克
分娩方式 自然分娩
喂养方式 满月之前母乳喂养，目前人工喂养

吃奶情况 每天4次，每次200毫升（睡前吃250毫升）。

辅食 每天3～4次，每次用大人吃饭的勺子，大约吃3勺。在泡过的米和杂粮中加入各种蔬菜和鸡胸肉等，煮成粥给孩子吃，不加任何调料。

发育情况 还不会用膝盖和脚掌爬行，不过可以用肚子匍匐前进，而且速度很快。瞌睡或者不高兴的时候，会一边哭，一边叫“妈妈”。

皮肤问题和解决对策 偶尔会出一些好像胎热的红点，经常用干净的毛巾擦手和脸，每天抹2次保湿产品。

睡眠问题和解决对策 瞌睡的时候，妈妈用婴儿背带把他背在胸前，让他咬着安抚奶嘴，才肯睡觉。

游戏时间 喜欢看妈妈一边唱歌，一边做动作。特别是妈妈唱“头、肩、膝盖、脚”的时候，一边唱，一边指着宝宝的身体部位，他会觉得很有趣。

我的宝贝 最近开始出下牙了，咧嘴微笑的时候非常可爱。当妈妈在厨房干活的时候，如果他想玩小飞机的游戏，就会紧紧抓着妈妈的腿，妈妈动，他也跟着一起动，样子非常有趣。

宝宝姓名 金敏英
月龄 8个月
出生时体重 3.25千克
目前体重 9千克
分娩方式 剖宫产
喂养方式 母乳喂养

吃奶情况 每天1～2次，只在睡觉之前吃。

辅食 从4个月开始添加辅食，现在一天吃3顿辅食，包括粥、糯米饭配鱼肉和酱汤。点心是水果和泡了牛奶的面包。

发育情况 可以一个人扶着桌子站起来，领着他的一只手，可以站得很好。

皮肤问题和解决对策 新生儿时期有一些黄疸，不过现在的皮肤很干净。

睡眠问题和解决对策 睡觉方面没有问题。

游戏时间 藏猫猫，和妈妈一起去儿童泳池玩水等。

我的宝贝 对哥哥玩的小汽车、火车、彩笔等都很有兴趣。每次两兄弟一起玩的时候，不喜欢让妈妈插手。晚上睡得很好，白天也很少哭，一个人也能玩得很开心。

宝宝姓名 李熙鲜
月龄 8个月零22天
出生时体重 2.13千克
目前体重 8.3千克
分娩方式 自然分娩
喂养方式 开始是混合喂养，百天以后母乳喂养

吃奶情况 间隔3个小时吃一次，每次吃20分钟。

辅食 南瓜粥、土豆胡萝卜粥等，每次可以吃100毫升左右。

发育情况 看到妈妈会叫“妈妈”，看到爸爸会叫“爸爸”。开始抓着东西自己站，不过还不会爬。

皮肤问题和解决对策 除了夏天的时候长痱子，没发现其他问题。

睡眠问题和解决对策 经常闹觉，要吃饱后抱着才肯睡。如果晚上10点入睡，会在早上7点30分左右起床。凌晨4点的时候醒一次，吃奶后再继续睡。

游戏时间 喜欢图画书，自己一个人看也没关系，最喜欢看的一本书是《我不困》，还喜欢有小狗照片的布书。可能因为住在乡村，所以特别喜欢里面有小鸡、小狗的故事书。非常喜欢妈妈自制的玩具，把米或豆子装在瓶子里，一摇就会发出声音。

我的宝贝 因为住在乡村，有很多机会可以摸到花草，还可以在海边的沙滩上玩。最近每次要出去散步的时候，都会张开双臂，嘴里发出“噢——”的声音，让妈妈抱。

预防安全事故

在这个时期，孩子的安全是一个必须引起足够重视的问题。一定要把孩子活动空间里的危险物品清理干净。不过，最安全的方法是妈妈的眼睛一刻也不要离开自己的孩子。

常见的事故包括身体向后倒，抓住东西站起来的时候，头撞到桌子或者摔倒。在旁边照看孩子的时候，当听到“咚——”“啊——”的声音时，要立刻过去把孩子抱起来。为了预防发生安全事故，要特别留意下面这些注意事项。

Tips 浴室

1 绝对不要让孩子一个人进入浴室。

2 一定要盖上马桶盖。

3 澡盆里一定要垫防滑垫。

4 香波、香皂、牙膏等不能让孩子吃到的东西，一定要放在有门的柜子里。

厨房和餐厅

□洗涤槽下面的收纳柜以及所有的抽屉，都要安装安全锁。

□洗涤剂要放在高处或孩子拿不到的地方。

□所有电源插座上都要盖安全护盖。

□如果家里有烤炉，一定要放在墙边。

□水壶和煎锅的把手一定要转到墙的一边。否则的话，孩子在厨房的时候，有可能会抓住把手把东西拉到地上。

□不要在孩子面前放置厨房用品、餐具、热饮等。

□不要在正在爬的孩子头顶上端热的东西。

□抱着孩子的时候，不要喝热饮。

□把垃圾桶放在壁橱里。

□不要把刀或其他厨房用具放在洗涤槽下面的柜子里。

□把咖啡壶、搅拌器等电器的电线放到孩子拿不到的地方。

卧室、书房、客厅

□如果把DVD机放在电视机上，一定要把两台机器用胶带固定好。

□把电线藏起来或卷起来放好。

□不要把硬币掉在地上。

□在桌角上粘贴保护角。

□不要让孩子啃咬刷了含铅油漆的家具。

□门帘或窗帘的绳可能会缠住宝宝的脖子，可以在窗户边挂一些小塑料圈，把绳缠起来。

□一定要把所有的抽屉关好。如果拉抽屉时，抽屉掉出来，可能会砸伤宝宝。

□又厚又沉的垫子或枕头会造成宝宝窒息，所以尽量不要使用。

□不要把婴儿床放在窗户旁边。床周围可能会掉下来的物品，如挂在墙上的画、电线等都要清理干净。

□经常清理空调过滤口。

□窗户上要安装纱窗。

根据孩子的气质选择适当的育儿方法

气质指的是孩子天生的性格，或者说，气质是每个人散发出的特有感觉。在这种气质的基础上，再结合个人的“意志”，就构成性格。活泼、易怒、沉静是一种气质，对痛苦的忍耐力强或弱，是否有责任感等则是性格。

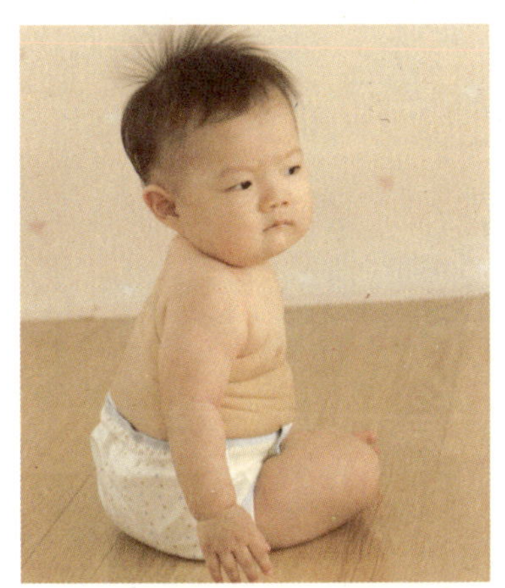

气质大致可以分为敏感暴躁型、温和型、平常型（沉静型）三种。其中比较麻烦的是具有敏感暴躁气质的孩子，所占比例大约是总数的10%。这样的孩子，稍微受到一点刺激，就会大哭不止。不爱睡觉，而且很难深度睡眠；不爱吃饭，而且没有规律，很少表现出平静的感情状态。4个月的时候，基本上就可以知道自己的宝宝具备哪种气质了。

不同的气质会对亲密关系的形成产生不同的影响

温和型气质的孩子，最有利于形成一种稳定的亲密关系；而敏感暴躁型气质的孩子，则有可能会与父母形成一种不稳定的亲密关系。不过，如果父母能够保持稳定的养育态度，即使是敏感暴躁型气质的孩子也会随着年龄的增长，逐渐发生变化，形成一种稳定的性格。如果当父母压力过大或是情绪不佳的时候，对一些小事情表现得很神经质，对孩子说一些不好听的话，甚至使用暴力，这会让本来就属于敏感暴躁型气质的孩子变得更加暴躁，形成一种恶性循环。

怎样对待暴躁气质的孩子

对于具有敏感暴躁型气质的孩子，父母一定要有足够的耐心，并且保持一贯的态度。有时候表现得很亲热，有时候却很冷淡，甚至有时候还会打骂孩子，就是典型的非一贯性的养育态度，而这也正是父母与孩子之间无法形成稳定、亲密关系的原因。

指责孩子是最糟糕的事 性格不太好的孩子，并非完全天生如此，更多的责任可能还是在父母身上。如果想让孩子不再出现一些暴躁的举止，最好的方法当然是提前预防。对于那些看到父母以外的其他人就会大哭的孩子，先不必急着指责他（她），“哭什么，那是奶奶”。可以先不理会他（她），直到孩子自己平静下来为止。就算要花点时间，也要多让孩子与其他人相处，并且要给他（她）充分的适应时间。另外，孩子发脾气，不听话的时候，因为他（她）本身气质如此，父母应该要尽量理解。

最重要的是父母能够保持一种平和的感情状态 孩子会在不知不觉中学习父母的感情状态。面对气质暴躁的孩子时，绝对不要发脾气或是大喊大叫。作为父母，必须要先努力表现出一种冷静、温和的情感状态和态度。只有这样，当孩子的否定状态与父母的肯定状态相遇时，孩子的暴躁气质才会得到缓和。孩子会把父母当作一个安全的港湾，孩子的性格也会逐渐转变。

8～9个月孩子的中期辅食添加原则

这个时期的孩子，已经逐渐适应并接受了辅食。以后制作辅食的时候，就要思考怎样让食物更有营养。另外，现在也是培养孩子饮食习惯的时期。

中期辅食添加原则

□每天添加2次辅食，每次的量增加到50毫升以上。

□准备的内容应该是包含碳水化合物、蛋白质、维生素等均衡营养的食物。不过，摄取蛋白质不必过分着急。

□孩子吞咽食物的时候，要耐心等待。这个时期的孩子，会在嘴里不断地咀嚼食物，而不是立刻咽下去，所以吃东西时耗费的时间较多。

Tips 用勺子喂宝宝吃辅食

放在奶瓶里吃的不是辅食。如果让孩子用奶瓶吃买来的成品辅食，一方面无法判断孩子是否真正喜欢，而且这样的食物通常热量都很高，并不利于孩子的生长发育，还会妨碍培养孩子用勺子吃饭的能力。因此，儿科专家认为，如果孩子不能用勺子吃辅食，说明时机还不成熟，而不是辅食本身的问题。下面就是用勺子喂辅食的一些行动原则。

1 先让孩子坐好，然后等到孩子对勺子里的食物感兴趣的时候，再喂给他（她）吃。

2 可以让孩子用手抓勺子或盘子里的食物。

3 按照孩子喜欢的速度喂。比他（她）喜欢的速度快或者慢，孩子都会不吃。

4 孩子吃东西的时候，可以轻声鼓励他（她）。

5 可以允许孩子用手抓着吃。

6 如果孩子把头扭过去或是向外吐，就要停止喂食。

□把新鲜果汁倒在杯子里喝，为停用奶瓶做准备。

□固定在一个地方吃辅食。要让孩子知道，应该在固定的地方吃饭。

□不要让孩子坐在地板上，然后围着他（她）转来转去地喂食。这样可能会导致以后每次吃饭的时候，都要让妈妈追着喂。

中期添加辅食的简单方法

时间　上午10点，下午2点各一次（根据不同孩子的情况，也可以安排在下午6点）。

份量　每次50毫升左右（宝宝的碗半碗左右）。

母乳或奶粉　共800毫升左右，分3～4次吃。

硬度　开始的时候可以是果酱样的形态，8个月以后，可以类似于豆腐的硬度。

可以食用的材料　牛肉、鸡胸肉、白色鱼肉（比目鱼、明太鱼、鳕鱼）、熟蛋的蛋黄、豆腐、奶酪、蘑菇、松子、核桃、芝麻、纯酸奶等。

避免食用的材料　大麦、糙米等较硬的杂粮，猪肉、墨鱼、贝类、蛋白、豆奶、富含膳食纤维且香味浓郁的蔬菜、桃子、橘子、菠萝、花生等。

四种中期辅食的制作方法

鸡肉粥

鸡胸肉比较容易消化，是孩子能够轻松接受的一种肉类。如果用牛肉，一定要研磨碎。

材料 泡好的米3～4小勺，鸡胸肉20克，菠菜20克（也可以用土豆代替菠菜），鸡汤1/2杯。

做法 ①鸡胸肉煮熟后切碎。②把泡好的米简单研磨一下，菠菜洗净后切碎。③鸡汤煮开后，加入米、鸡肉、菠菜，所有材料煮软即可。

奶酪土豆饼

当宝宝已经完全适应了大米、高粱米、黍子米等谷物以后，可以加入少量面粉，制作小煎饼。

材料 土豆1/2个，宝宝奶酪1/2个，面粉3大勺，香菇1个。

做法 ①土豆去皮后切碎，香菇去蒂后切碎，宝宝奶酪切碎备用。②将土豆、香菇、奶酪与面粉混合后，和成糊状。③平底锅中放少量油，将面糊煎成直径4厘米大小的圆饼。

果蔬沙拉

必须使用纯酸奶。添加了甜味剂的酸奶，对孩子的牙齿和口味养成都没有好处。可以先让孩子喝一点酸奶，如果能够适应再使用。

材料 胡萝卜20克，小南瓜20克，苹果20克，纯酸奶3大勺。

做法 ①胡萝卜、小南瓜、苹果去皮，切成1厘米见方的小块。②把所有材料都放进锅里煮熟。③在上述煮热的材料中倒入纯酸奶，混合后制成沙拉。

嫩豆腐鱼汤

豆腐含有丰富的蛋白质，孩子最好满6个月以后再开始吃。

材料 嫩豆腐100克，白色鱼肉50克，奶酪1片，菠菜20克。

做法 ①将白色鱼肉煮熟备用。②将嫩豆腐切成1厘米见方的小块，奶酪切碎。③菠菜洗净后，沸水里烫熟，然后在凉水中过一下，攥干后切碎。④在煮鱼肉的汤中加入嫩豆腐、奶酪、菠菜同煮。

关于8～9个月婴儿的问题与解答

Q　孩子的乳牙发黄，难道是龋齿吗?

A　龋齿就是我们常说的虫牙。与成年人不同，幼儿的龋齿发展速度很快，稍有不慎就会伤及神经，甚至影响到以后的恒牙。千万不要认为反正乳牙以后要换掉，不必太在意，反而应该多多关注乳牙。孩子出现乳牙发黄的情况后，首要的一件事就是要断掉夜奶。夜里吃奶，残渣会留在宝宝嘴里过夜，这样很容易造成龋齿。要想让孩子拥有一口健康的牙齿，不仅是要纠正他（她）的睡眠习惯，断掉夜奶，还应该每天坚持刷牙，让乳牙不再继续遭受侵害。

Q　宝宝好像有点罗圈腿，怎么办?

A　孩子从出生的时候开始，腿是略向里边弯曲的，而且小腿内侧和外侧的骨头生长速度也是不一样的。到2～3岁的时候，小腿外侧骨头会长得更快，里边显得窝着似的。另外，大腿虽然不像小腿那么弯，但还是会略向外弯，整体看上去，好像罗圈腿。孩子站直以后，膝盖分开1～2.5厘米，这是正常的。不过，随着年龄的增长，小腿内侧的骨头也会继续生长，到5～7岁的时候，就会长成正常的直腿了。根据情况的不同，也可能会出现内侧生长过快，导致两个膝盖碰到一起的情况。而这种现象最迟到12岁的时候也都会变正常。一周岁以前的孩子，大部分都是罗圈腿。开始走路以后，外八字的现象逐渐消失，变成正常的步行状态。每个孩子腿弯的程度都不太一样。走路早以及体重较重的孩子，腿弯的会更严重一些。另外，平时的走路习惯也会有影响，迈步时抬腿的高度太低，也会造成腿弯。这种生理发育过程会随着年龄的增长而逐渐改善，一般2～2.5岁的时候会自然校正过来。无论什么原因，大部分的孩子在5岁以后，都能拥有一双漂亮的直腿。不过，如果随着时间的推进，情况不但没有好转，反而越来越严重或者是只有一侧腿弯，就有可能是其他疾病，这时就需要去医院检查一下了。其他疾病有可能是因为缺钙或缺少维生素D造成的佝偻病，也可能是先天性骨骼或软骨疾病造成的罗圈腿。

Q　孩子根本不知道怕生，是因为还没长大吗？

A　怕生，是回想已保存信息的一种认知能力。一般8～12个月的孩子会记住和妈妈在一起的美好感觉，当妈妈不在的时候，会对妈妈产生依恋，并且害怕陌生人。不同原因导致的怕生，表现形式不太一样，在家庭成员比较少的家庭中长大的孩子，或者感觉受到妈妈压抑的孩子，怕生情况比较严重。而完全不会怕生的孩子，则有可能是出现了情绪停滞或情绪障碍。特别是过了8个月以后，一点都不怕生的孩子，很有可能是从小在托儿所长大或与爸爸妈妈缺乏亲密关系所致。另外，无法与人沟通的患自闭症的孩子，很多也没有怕生的感觉。

Q　吃了感冒药后，孩子总是睡觉，是因为药里有毒素吗？

A　吃感冒药会睡觉，并不是药里有毒素，而是因为治疗流鼻涕的药里含有抗组胺成分，这种药吃了会让人瞌睡。最近，出现了很多不含抗组胺药的感冒药，如果孩子睡得过多的话，可以与医生商量换一种药。

Part 10

9个月后的孩子，一切都好吗

这个时期的孩子，已经能够感知自己的声音了，还会注意倾听自己的声音。孩子会突然毫无理由地哭，然后停止，然后又哭，这其实是在体验自己的哭声，是一种正常的感觉行为。这时候，如果去抱他（她），可能会养成孩子爱哭的习惯，所以，一定要冷静对待。此时的孩子又多出来几颗牙，可以发挥调节发音的作用。因此，为了促进孩子的语言发育，要使用正确的发音，不断跟孩子进行语言练习。终于开始说出一个词了。可以听懂“拜拜”，只要一听到，就会挥手。会反复发出“妈妈”“爸爸”“嘣嘣”等声音，也会做出不高兴的表现。这个时期，可以多给孩子看一些画册和图画书，还要教给他（她）周围人的名字。

宝宝发育正常吗

表10.1和表10.2是9个月婴儿的身体发育统计数据，供参考。

表10.1　9个月时男婴的身体数据

指标	9个月时百分位数						
	3	10	25	50	75	90	97
体重（千克）	7.80	8.21	8.70	9.40	10.00	10.70	11.40
身高（厘米）	69.0	70.4	72.0	73.5	75.0	76.5	78.5
头围（厘米）	42.5	43.4	44.2	45.0	46.0	47.0	48.3
胸围（厘米）	42.2	43.2	44.4	46.0	47.2	48.4	50.0
体重（千克）*	7.56	8.09	8.66	9.33	10.06	10.75	11.49
身高（厘米）*	67.9	69.4	70.9	72.6	74.4	75.9	77.5

注：*为“中国0～18岁儿童青少年身高、体重百分位数（2005年）”。

表10.2　9个月时女婴的身体数据

指标	9个月时百分位数						
	3	10	25	50	75	90	97
体重（千克）	7.10	7.72	8.30	8.90	9.38	9.83	10.50
身高（厘米）	67.2	69.0	70.6	72.2	73.8	75.1	76.2
头围（厘米）	41.8	42.6	43.5	44.3	45.1	46.1	47.6
胸围（厘米）	41.4	42.5	43.4	45.0	46.0	47.3	49.0
体重（千克）*	7.11	7.58	8.08	8.69	9.36	10.01	10.71
身高（厘米）*	66.4	67.8	69.3	71.0	72.8	74.3	75.9

注：*为“中国0～18岁儿童青少年身高、体重百分位数（2005年）”。

9~10个月孩子的生长发育以及育儿作业

可以听懂话了

在这个时期，孩子的运动神经发育很快，可以用拇指和食指抓起掉在地上的纽扣了，还会用双手抱着奶瓶或杯子，送到嘴里。

这个时期孩子身上的变化

拉住他（她）的手，可以站起来 孩子坐着的时候拉着他（她）的手，他就可以站起来，并用双腿站立。发育快的孩子已经可以一个人站着，甚至能向前走几步了。

可以听懂简单的指示 可以听懂“把图画书拿过来”“坐下”等简单的指示，并照着做。

总是用一只手 开始的时候，还无法判断出孩子是否是左撇子。不过，9个月以后就可以知道宝宝经常使用哪只手了。这时候，经常使用左手的孩子，很有可能就是左撇子。

什么事都想独自做 在这个时期，孩子会想要独立完成所有的事情。想要自己拿勺子吃东西，自己端杯子喝水。

让孩子练习用杯子喝水。

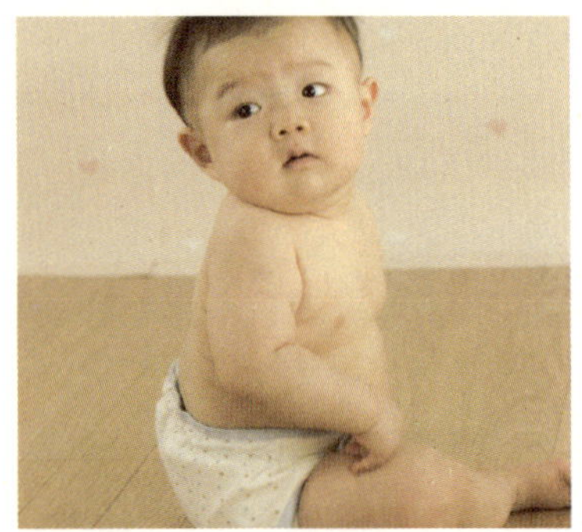

如果想做妈妈禁止的事情，会先停下来看妈妈的眼神。

每天添加3次辅食，以便可以顺利度过周岁后的断奶期。

可以记住原因和结果并作出预测 给宝宝洗脸时，可以发现，在脸碰到水之前，他（她）会先皱起眉头，这是因为孩子已经预知将会沾到水。这也说明，孩子在记忆力发展的同时，已经开始了对原因和结果的思考。

发出只属于自己的声音 这个时期的孩子，会将声母和韵母组合，发出一些大人听不懂的声音，并且他（她）会想通过这种声音向父母说明什么。每次下雨的时候，如果他（她）一边看着窗外，一边说“哗哗”，就表示孩子把下雨的情况与“哗哗”这个词联系在了一起。有时，宝宝也会用身体来表达这类语言。每次想出去的时候，宝宝会爬到玄关，指着鞋子。

自由活动双手 这个时期的孩子，已经可以拿到想要的东西或者把东西敲出声音来。这意味着孩子已经可以自由地活动手指肌肉了。

开始使用感叹词 当为了吸引大人的注意或是想要表达自己的意图时，孩子会使用丰富的感叹词，而且还能够根据情况，变换不同的声调。通常，“噢噢——”的声音，可以同时用做拒绝和请求。

对妈妈的心情变化作出敏感的反应 这个时期的孩子会对妈妈的反应非常敏感，能够迅速感受到妈妈的心情。妈妈的态度，既可以让孩子在成长过程中情绪稳定、充满自信，又可能造成孩子的胆小和不安。

努力想吸引别人的注意 这个时期的孩子已经开始试图吸引别人的注意。走到爸爸的身后，拉拉他的衣服或者拍拍他，发出声音或者干脆大哭，都是想要让爸爸注意到他（她）。

拿危险物品之前，会先看妈妈 当孩子想要碰一件妈妈说过不让动的东西（电风扇等）时，会先看妈妈，寻找妈妈的眼神。

这个时期妈妈要完成的育儿作业

每天添加3次辅食 可以在每次吃奶之前，给孩子添加辅食。正常情况下，每天要保证3次辅食，这也是在为周岁后断奶做准备。

帮助孩子练习使用杯子 如果8个月的时候就开始让孩子使用杯子，那么到现在，孩子应该能够熟练地用杯子喝水了，这也利于以后脱离奶瓶。虽然孩子可能会经常把水洒在身上，但还是应该尽量让他（她）自己喝。

禁止孩子的某种行为时，态度要坚决 这个时期，当孩子的要求没有得到满足时，他（她）已经会用哭来表示不满了。虽然通常来说，应该关注孩子的情绪，满足他（她）的要求。不过，如果这个要求会危及他（她）的安全，就必须坚决禁止。一定要明确告诉他（她）“不行”，而且绝对不能出尔反尔。

努力去理解孩子想要表达的意思 当孩子发出“咿咿呀呀”的声音，似乎想要什么东西的时候，妈妈一定要仔细观察孩子到底有什么需要。当孩子想要出去时，会把手伸向门口，并发出声音。如果妈妈忽略或错误理解了孩子的要求，就会让孩子的沟通愿望受到打击，不利于孩子的语言发育。

准备一些可以让孩子活动手指的玩具 可以翻的书或者铃鼓这样的玩具，对于培养孩子的成就感和独立性，以及手指的活动都很有好处。

反复告诉孩子经常接触的事物的名称 对于那些已经能听懂话的孩子，现在可以正式开始学习日常生活中使用的词语了。电冰箱、电视机、浴室、香皂、点心等，这些都是孩子平时经常能接触到的事物，可以反复告诉孩子这些东西的名字，慢慢地，孩子就会把东西与名称联系起来。

让孩子充分摄取水分 与单纯喝奶的时候不同，现在必须要另外给孩子喝水。吃辅食以后必须要喝水，外出的时候则可以准备一些果汁。

不要希望孩子很斯文 有些妈妈会很担心，为什么这个时期的孩子一会儿都不能安静，总是把屋子弄得很乱，还特别黏人。其实，这都是很正常的现象。这个时期的孩子，集中注意力的时间不会超过5秒。现在，正是孩子对一切事物都充满强烈的好奇并去探索的阶段。表现得很斯文的孩子，反而很容易出现发育迟缓或性格消极的情况。所以，父母应该做的是给孩子准备更多的玩具，在房间里放置一些低矮的家具，可以让孩子更活跃、更好动。

9～10个月孩子的游戏计划

打开盖子在盒子里找东西，是孩子在这个时期百玩不厌的游戏。孩子会喜欢重复游戏，可以通过重复游戏教给孩子物体的名称和身体部位的名称。

身体力行一些简单的指令　教给孩子按照指令去做以后，还要示范给他（她）看。发出指令之前，可以先说，“要睡觉了，准备好了吗？”如果孩子照指令做了，要说“做得真棒”。说“手伸出来”“扔球”的时候，要同时做示范，伸出手去拿球；说“关门”的时候，可以把门掩上；说“坐下”的时候，可以指指椅子；说“把尿布拿来”的时候，就要指指尿布。

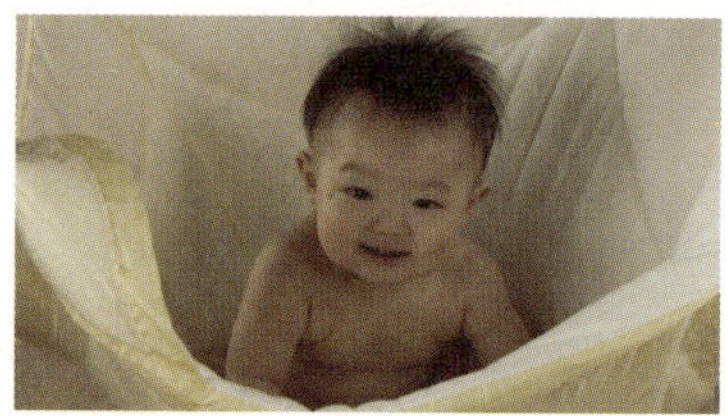

被子秋千　把孩子放在被子上，然后妈妈抓住被子的两端，来回翻滚孩子的身体。如果爸爸也在，可以把整个被子都打开，进行摇晃。这个游戏可以培养孩子的平衡感，也可以让他（她）熟悉一种新的身体动作。

拍手　妈妈用手抓住孩子的手，一边说“拍手、拍手”，一边拍孩子的手掌。如果孩子已经可以独自拍手，妈妈就可以放开手，让孩子一个人拍。

说“不行”的时候，要暂时停止活动　严肃地说“不行”。说“不行”的时候，可以轻打一下孩子的手。如果孩子照妈妈的话做了，一定要称赞他（她），“做得对，很好”。

盒子里的游戏　孩子通常都喜欢在一个有限的小空间里玩耍。可以用从超市购买的纸盒，为孩子创造一个只属于他（她）的空间。用几个垫子围成一圈，再放上几个玩具，为可以到处爬的孩子制造一个小天地。

手伸进桶里拿东西　妈妈首先示范一下如何从桶里把东西拿出来，然后再把东西放回去，把桶交给孩子，让他（她）拿出来。当孩子把桶里的东西拿出来以后，可以再往里面放几件东西，并摇晃出声音。

撕报纸 给孩子一些报纸或者杂志。最好是质地轻薄的纸张，这样孩子可以随意地撕扯。妈妈可以先一边说“看，撕了”，一边做动作。孩子就会跟着模仿。撕纸看似简单，却需要有一定的力量才可以，所以对手部的发育很有好处。

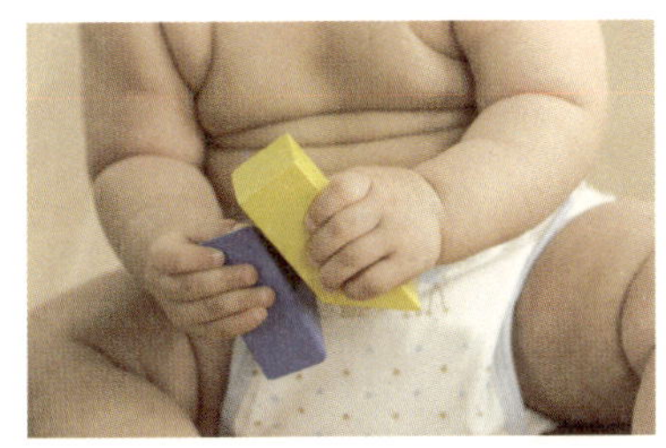

把一只手里的东西转移到另一只手里 妈妈首先做示范，在孩子面前，把玩具从一边挪到另一边。让孩子用不太常用的那只手拿住一个玩具，然后把另一个玩具推到孩子的手旁，引导孩子把刚才拿着的东西交到另一只手里。如果孩子不这样做，可以试着把孩子的另一只手放到拿玩具的那只手上，引导孩子把玩具递到另一只手里。当孩子动作熟练了以后，就可以教他（她）把玩具从一只手递到另一只手后，再去拿其他玩具。

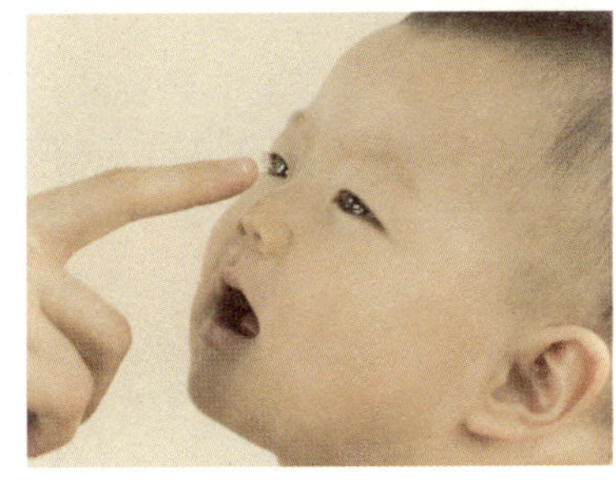

教给孩子身体部位的名称 这个游戏就是一边说“鼻子、鼻子、鼻子、鼻子……嘴”，一边指着相应的部位。首先，妈妈一边指着自己的嘴，一边说“嘴、嘴、嘴……”，然后把手放到孩子的嘴上，继续说“嘴，在哪里？”这个游戏不仅能教会孩子各个部位的名称，还能同时活动身体。

玩水球 可以把彩色气球吹成直径10厘米左右，灌上水，绑紧后给孩子玩。因为气球本身会散发一些化学药品的味道，所以在灌水的时候，一定要洗干净。在孩子面前滚动做好的水球，因为球的形态会一直发生变化，所以孩子都会很喜欢。另外，抓水球时有一些特别的触感。经常玩这个游戏，对肌肉的发育很有好处。

9～10个月孩子的一天

9个月的孩子，已经非常聪明，视力也逐渐发育完善。当大人说“不要”的时候，已经知道要停止动作。更喜欢户外的活动，而不是猫在家里。

宝宝姓名　江智雄
月龄　9个月零9天
出生时体重　3.1千克
目前体重　9.3千克
分娩方式　自然分娩
喂养方式　母乳喂养

吃奶情况　每天8～9次，夜里还要吃2～3次。

辅食　南瓜粥、松茸、碾碎的豆腐、胡萝卜西兰花粥等，每天3次，每次80毫升。

发育情况　可以在大人的辅助下单腿站立。用肚子匍匐的时间很短，很快就可以用膝盖向前爬了。语言方面，会说“妈妈”“爸爸”“嗒嗒嗒嗒”。

游戏时间　喜欢在放满球的池子里玩。给他做了一个盒子屋，在里面放了沙发、靠枕，他很喜欢在里面玩。

我的宝贝　出了6颗牙以后，吃饭已经没有任何问题了，而且他很喜欢吃东西，只要一看到吃的，就会像百米冲刺似地爬过来。原来是只能站一小会儿，现在则可以迈两步了。可能迈步让他自己也很惊讶，紧接着就会一个屁墩儿坐在地上。比较喜欢一个人玩，最近好像认识了妈妈，只要我一拿钱包，他就好像知道我要出去似的，哼唧着要哭。

宝宝姓名　金振赫
月龄　9个月零9天
出生时体重　3.8千克
目前体重　11千克
分娩方式　自然分娩
喂养方式　混合喂养

吃奶情况　每天5次，每次150毫升。

辅食　粥、熟栗子或红薯、各种水果、奶酪、蛋白、酸奶等，每天3次左右。

发育情况　现在已经会坐，会爬，会拍手了。已经出了6颗牙，上面4颗，下面2颗。会叫“妈妈”了。

游戏时间　经常用婴儿车推着他出去散步，让他看大孩子玩的样子，让他看看这个世界。和他玩拍手、摇头的游戏。

我的宝贝　喜欢一边晃动身体，一边摇头。最近很喜欢玩姐姐的玩具高尔夫球杆，喜欢看积木盒里的图片，喜欢坐在地垫上翻东西。无论拿到什么东西，都要往嘴里放，有时会给他手里放一些爆米花让他吃。已经可以很好地用牙嚼东西。与吃奶相比，他现在好像更喜欢其他食物。和同月龄的小朋友相比，他的个子比较大，每个人见到都说，样子像个大将军。孩子能够长得很健壮，真是让人高兴的一件事。

宝宝姓名　朴智原
月龄　9个月
出生时体重　3.9千克
目前体重　8.2千克
分娩方式　自然分娩
喂养方式　母乳喂养

吃奶情况　每天5～7次。

辅食　每天2次。

发育情况　可以从地板上一个人站起来，走10步左右。可以用手指捡起葡萄干，也可以把左手里的物品交到右手。

游戏时间　喜欢和妈妈一起玩拍手的游戏。喜欢让妈妈把各种玩具放进有洞的箱子里，然后自己再一件一件地拿出来。

我的宝贝　只要音乐一响起，脸上马上会露出微笑，还会跟着节奏跳舞。特别是听到民族音乐时，还会跟着节奏拍手。辅食吃得不太好，每天也就能吃大人用的勺子一勺左右，点心是有机米果（直径5厘米左右的圆饼），可以吃半个，这就是每天的全部辅食了。虽然不爱吃，不过身体还是很健康，精神状态也不错。

宝宝姓名　申胜勇
月龄　9个月零12天
出生时体重　3.9千克
目前体重　10千克
分娩方式　自然分娩
喂养方式　初期母乳喂养，目前人工喂养

吃奶情况　每天5次，每次240毫升。

辅食　蔬菜粥、牛肉粥、南瓜粥、西兰花粥，还有家里自制的酸奶，每天吃2～3次。

发育情况　开始爬的时间比其他孩子晚一些，200天左右的时候会翻身。从4个月开始，可以扶他坐着。喜欢扶着沙发或椅子站着。领着他的手已经可以走了。每天发出最多的声音是“爸爸”。想要东西时，也会发出声音。

游戏时间　藏猫猫，骑爸爸脖子，拉着妈妈的手走路，玩会发声的小汽车，听儿歌，和妈妈一起看书。

我的宝贝　和很多孩子不同，胜勇是先会叫爸爸的。几天以前，才刚开始叫妈妈。一边唱着催眠曲，一边抚摸着他的头，很快他就可以入睡。最近经常给他看书，还骑爸爸脖子。最喜欢和妈妈在被子里玩捉迷藏。

宝宝姓名　郑成斌
月龄　9个月零29天
出生时体重　3.05千克
目前体重　9.7千克
分娩方式　自然分娩
喂养方式　人工喂养

吃奶情况　每天7～8次，每次140毫升。

辅食　包括鲍鱼、米粉、胡萝卜、南瓜、土豆、西兰花、虾等。每天3次，每次100毫升。

发育情况　从5个月开始会用肚子匍匐前进，现在已经会用膝盖爬了。喜欢抓着东西站起来。站起来以后，还会拍手。会叫“妈妈”“爸爸”。

游戏时间　把他放在蹦床上，他可以自己摇晃身体，玩得很开心。喜欢拖着学步车走来走去。还喜欢坐在婴儿车里，和爸爸妈妈一起出去散步。

我的宝贝　早上起床以后，一边发出“噢噢”的声音，一边拍手，告诉大家我起来了。起床以后，就开始又是翻又是爬，还到处敲敲打打。已经会扶着东西站立，爬得也很快，喜欢爬到各处去看。现在，家里的所有东西几乎都成了他的玩具，已经开始显露出男孩子的调皮，让妈妈都快吃不消了。尽管如此，看着他可爱的样子，妈妈还是很快乐。

Tips　和宝宝一起玩，是父母与孩子建立信任关系的过程

游戏并不只是为了让孩子觉得很有趣。有趣并不是这件事本身的目的。游戏可以让孩子了解到，他（她）今后将要接触的世界是多么有趣，而且孩子还能通过游戏与父母建立一种信任关系。当和父母抱着同一个目的做一件事的时候，孩子会有与父母相同的感受，彼此之间会产生一种信任。而这种父母与子女之间的信任和纽带，对于孩子的情感、性格发育以及语言发育都有非常重要的作用。

关于9~10个月婴儿的问题与解答

Q 宝宝还没有出牙，可以给孩子吃固体食物吗?

A 在吃辅食的时候，常常会碰到牙床。不过，这个时期的孩子，即使已经长牙也还不能咀嚼食物。给孩子吃固体的食物，是为了让他（她）运动牙床和下巴，练习咀嚼。因此，即使是没有长牙的孩子，也可以吃固体食物。在给孩子吃固体食物时，一定要做成孩子牙床可以充分压碎的程度，如同嚼豆腐的感觉，就比较合适。在这个时期，如果仍然只给孩子吃一些汤水或糊状的食物，孩子就没有机会锻炼咀嚼能力。咀嚼的训练不是一件短期的事情，应该从8~9个月开始坚持进行，这样才能慢慢适应更硬的食物。当然，在这个时期，还是不要给孩子吃特别硬的食物，因为孩子的牙床还没有坚硬到可以咀嚼那样的东西。另外，孩子在嚼到较硬的食物时，会留下不好的记忆，甚至会因此拒绝辅食，而只肯吃奶。所以，在给孩子准备食物时，一定要制作成适合牙床咀嚼的程度。

Q 宝宝睡觉的时候，可以使用电蚊香吗?

A 可能的话，还是尽量不要用。电蚊香中散发出来的杀虫成分是烯丙菊酯，是一种杀虫剂，在密闭的空间里，会对孩子产生副作用，睡梦中的孩子会出现临时性麻痹、头痛、呕吐等症状。所以，尽量不要放在离床很近的地方。另外，考虑到夜里蚊子都会飞得很低，所以放置电蚊香的位置也要尽量低一些。

Q 听说出牙的顺序很重要，我的孩子先出的是犬齿，怎么办呢?

A 婴儿出牙的顺序并不是绝对的。不过，如果根本没长乳牙，可以先观察一段时间，如果还是没出，就应该去牙科检查一下，必要的话拍个X光片，确认里面是否有乳牙。一般来说，不按照常规顺序出牙的情况是非常普遍的。

Q 宝宝突然发高烧，去医院诊断是幼儿急疹，该怎么办?

A 幼儿急疹是由病毒感染引起的。通常会持续高烧3～4天，退烧后紧接着就开始出疹子。麻疹则是在持续3～4天高烧的同时出疹子，经常还伴随咳嗽、流鼻涕、流眼泪等。如果嘴里也出现白色斑点，则可以很容易地判断出是麻疹。

Q 宝宝睡觉的时候总是翻身，为什么会这样?

A 8个月的宝宝，经常是很难入睡，即使睡着了，也总是翻身，然后醒来。孩子在晚上睡着后的1～2个小时里，出现哭闹、翻身的情况，是因为孩子的睡眠相对比较轻，对梦和外界的刺激都很敏感。孩子睡着以后，马上会进入做梦的快速动眼睡眠，从30分钟后开始，才进入非快速动眼睡眠阶段。非快速动眼睡眠阶段里，孩子没有任何表情，身体蜷缩，眼珠一动不动。再过两个小时，又会再次进入快速动眼睡眠，这时候，孩子的身体会动来动去，脸部表情不断变化，有时会像受到惊吓似的抖一下，有时则会露出笑容，有时还会露出害怕或疲倦的表情。这时候，不要把他（她）叫醒。因为这是孩子在学习独立睡眠的方法，而不是真正的心理不安状态。

Part

11

10~11个月的孩子，一切都好吗

这个时期，孩子的行为发育速度很快，每天都会呈现出新的变化，他（她）知道的东西也越来越多。抓着大人的手可以站起来或趴下，可以用拇指和食指把很小的东西掏出来或放进去。已经可以爬着上台阶了。可以发出更多的声音，会喊“爸爸”“妈妈”，会吹喇叭，吹哨子。现在，爸爸妈妈已经不能再坐着休息了，必须要打起全部精神跟在孩子后面，因为孩子随时可能会引发事故。当无法按照自己的意图做事时，孩子还会哭闹。不过，这时候，不要过分限制孩子，或是总说“不行”“别动”。这个时期的孩子，会很期待大人对他（她）的行为作出反应。作为父母，最好能先了解孩子的心理，然后再作出回应。

宝宝发育正常吗

表11.1和表11.2是10个月婴儿的身体发育统计数据，供参考。

表11.1　10个月时男婴的身体数据

指标	10个月时百分位数						
	3	10	25	50	75	90	97
体重（千克）	8.00	8.60	9.20	9.60	10.10	10.72	11.48
身高（厘米）	70.3	72.0	73.3	74.5	76.0	77.4	79.0
头围（厘米）	43.0	44.0	45.0	45.7	46.5	47.4	48.6
胸围（厘米）	42.5	44.0	45.0	46.4	47.5	49.0	50.1

表11.2　10个月时女婴的身体数据

指标	10个月时百分位数						
	3	10	25	50	75	90	97
体重（千克）	7.42	8.15	8.75	9.28	9.80	10.20	10.90
身高（厘米）	68.0	70.5	72.0	73.6	74.8	76.2	78.4
头围（厘米）	42.2	43.0	43.8	44.8	45.5	46.3	47.2
胸围（厘米）	42.0	43.0	44.1	45.4	46.5	47.8	49.0

10～11个月孩子的生长发育以及育儿作业

牵着宝宝的手走路

这个时期的孩子在运动时，自律性越来越强，明确知道自己要做什么。这时候，必须要好好引导，才能帮助孩子养成良好的习惯。

这个时期孩子身上的变化

更喜欢辅食 这个时期，如果辅食添加情况好的孩子，应该会更加喜欢吃辅食，而不再是奶类。无论看到别人吃什么，他（她）都会缠着也要吃，对新的食物也不再拒绝。现在可以为孩子准备后期辅食的添加了。

可以领着手向前走 可以依靠自己的力量站起来，并且抬腿准备迈步。翻身、快速爬、停止爬或是改变方向、从趴着变为独自坐、拿起东西等动作都更加熟练。

会说“妈妈”“爸爸” 孩子开始慢慢地掌握两个音节的词语。虽然听上去好像大多没有什么意义，不过有时候，孩子还是会一边说“妈妈”“爸爸”，一边扭头看着父母。有的孩子会经常叫“爸爸”，这是因为“爸爸”的发音要比“妈妈”更容易一些。

喜欢在玩的时候发出各种声音 独自一个人玩的时候，会发出各种各样的声音。

喜欢在家里到处爬 阳台、餐桌底下、椅子底下、沙发后面、床底下、衣柜后面等，家里所有能爬进去的地方，都会成为孩子探索的目标。

不再看手指，而是会看妈妈指的方向 不久之前，当妈妈用手指着娃娃的时候，孩子还只会看妈妈的手指，现在，他（她）已经会把注意力转到娃娃身上了。孩子已经知道，伸出手指指东西的行为，是要“让我看什么”。这说明孩子已经开始具备了想象能力，这是语言发展的基本能力。

可以找出藏起来的东西 刚才还拿着玩的玩具滚到了沙发底下，其实玩具并没有消失，而是依然存在，他（她）会向沙发底下看，想要把东西找出来。这时候的孩子已经了解了“恒常性”的概念。

东西被拿走时，会反抗和发怒 对“自我”的认识逐渐加强，如果孩子手里的东西被抢走，他（她）会做出猛烈反抗，并同时喊叫。

具备了应对社会状况的能力 当妈妈或奶奶说“不行”，并表现出生气的样子时，孩子会过去摸摸妈妈或奶奶的脸，然后笑起来。这表明，他（她）已经掌握了在遇到问题的时候寻找安定感的方法。见到陌生人的时候，会把脸藏进妈妈的衣服里，也是同样的道理。

对妈妈的依恋更加强烈 因为孩子的关系，妈妈甚至无法上厕所，说的就是这个时期的情况。虽然不同的孩子状况不尽相同，不过，大部分的孩子在这个时期依然会怕生，甚至怕生的情况还更加严重。

每天的睡眠时间缩短为13～14个小时 晚上睡11个小时，白天睡2.5个小时。这个时期的孩子，只要每天能够睡13～14个小时，就可以保证一天的充足精力。不过，因为个体差异的关系，有些孩子会睡得多一些，有些孩子则少一些。只要白天的时候，精神好，吃得好，玩得好，就不必担心。

这个时期妈妈要完成的育儿作业

开始后期辅食的添加 按照大人三顿饭的时间给孩子添加辅食，同时还要吃两顿点心。现在孩子需要的大部分营养应该通过辅食摄取，而不再是母乳或奶粉。这时候，如果不让孩子尝试各种食物，就很容易造成偏食。所以，在给孩子准备辅食的时候，应该尽量采用丰富的食材和多种烹饪方法。

注意预防龋齿 这个时期的孩子，至少已经出了4颗以上的乳牙，多的可能已经出了8颗。辅食中糖分过多或是依然保持吃奶瓶的习惯，都可能会造成龋齿。所以，必须要经常用水漱口，还可以用专门的消毒巾擦拭孩子的牙齿。

创造一个可以帮助宝宝活动的环境 这个时期，孩子的运动目标是站立和行走。可以准备一些能让他（她）抓住并站起来的玩具或家具，帮助孩子向上爬，尝试让他（她）独自站立等等。另外，还可以提供一些需要使用手指的精细游戏，让孩子的手指感觉和指尖动作更熟练，积木、毛线球等都是不错的选择。

逐步准备断奶 考虑到断奶的问题，从现在开始可以逐渐减少喝奶的次数，训练孩子晚上不吃奶也可以睡觉。经过2～3周的时间，基本就可以从减少奶量到完全断奶。虽然中间孩子可能会闹2～3天，但最终还是会断奶成功。不过，帮助孩子适应奶瓶或杯子的过程必须同时进行。

每次孩子要求抱的时候，都要抱他（她） 对于这个时期的孩子来说，最大的焦虑就是妈妈不在身边。一刻见不到妈妈，孩子就会哭闹着要找。只要妈妈一出现，他（她）就会立刻伸出手臂要求妈妈抱。现在，每次孩子要求抱的时候，都应该满足他（她）。因为孩子生活在这个世界上，最密切的纽带就是与妈妈之间的信任，而这个时期，正是创建这种信任的时期。

不要让孩子养成咬人或打人的习惯 这个时期的孩子，依然可以从用嘴咬中获得满足感。打人对他（她）来说，并不是一种攻击行为，而是在尚未发育完全的时期，孩子的一种代表行为而已。不过，当孩子咬人或是打人的时候，父母必须要制止，告诉孩子不应该这样做。

多给孩子看书 这个时期，已经可以开始给孩子看图画书了。孩子可以用手指着书里的内容，跟妈妈一起看。孩子不仅知道手指东西的意思，还已经能够明白，图片或象征物对应特定的事物。再进步一些的话，就应该知道各个事物所对应的名字，这同样也是一种语言的学习。

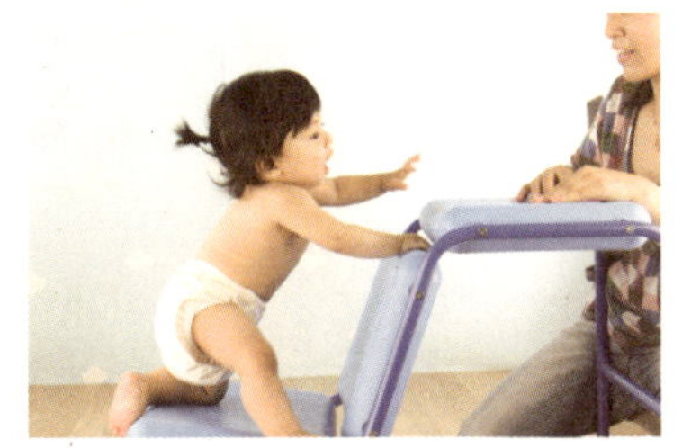

抓着儿童椅向上爬，扶着家具自由走动。

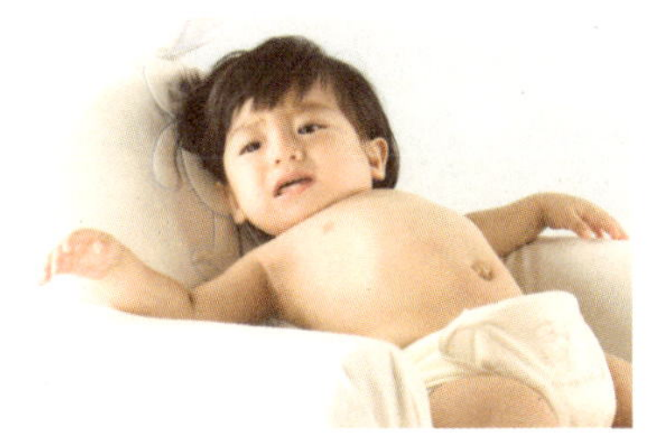

自己的东西被拿走的时候，会大哭，并做出反抗。

东西没有了，知道在哪里，并把它找出来。

后期辅食的喂养原则和菜单

后期添加辅食的原则

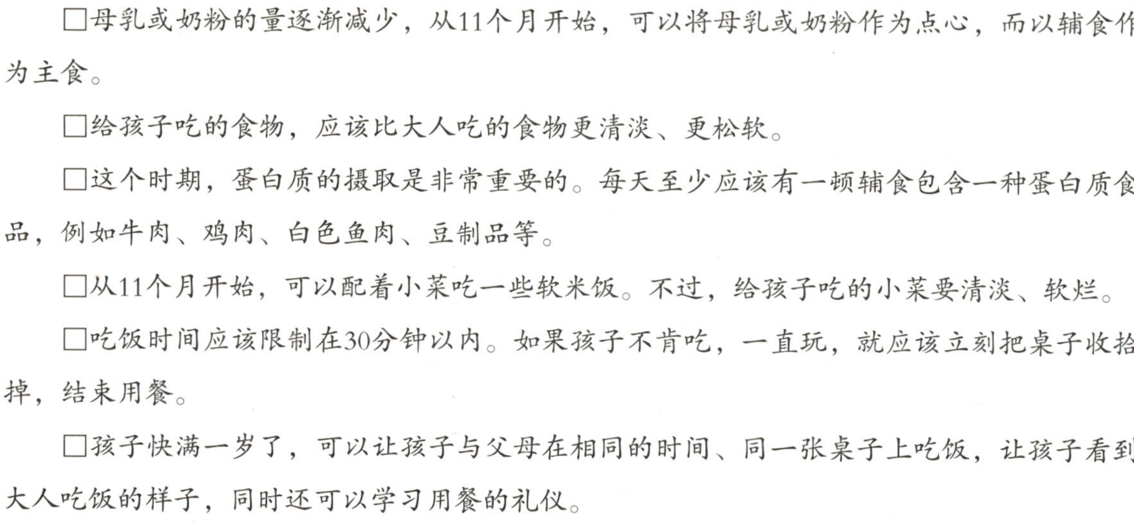

□母乳或奶粉的量逐渐减少，从11个月开始，可以将母乳或奶粉作为点心，而以辅食作为主食。

□给孩子吃的食物，应该比大人吃的食物更清淡、更松软。

□这个时期，蛋白质的摄取是非常重要的。每天至少应该有一顿辅食包含一种蛋白质食品，例如牛肉、鸡肉、白色鱼肉、豆制品等。

□从11个月开始，可以配着小菜吃一些软米饭。不过，给孩子吃的小菜要清淡、软烂。

□吃饭时间应该限制在30分钟以内。如果孩子不肯吃，一直玩，就应该立刻把桌子收拾掉，结束用餐。

□孩子快满一岁了，可以让孩子与父母在相同的时间、同一张桌子上吃饭，让孩子看到大人吃饭的样子，同时还可以学习用餐的礼仪。

□饭后要用纱布或婴儿牙刷帮孩子清理干净牙齿。

后期添加辅食的简单方法

时间 上午8点，中午12点，晚上6点吃辅食，中间吃点心。

份量 宝宝的碗每顿一碗（约100毫升）。

母乳或奶粉 早上、中午、晚上分三次，共600毫升，然后逐渐减少为一天2次，共500毫升。逐渐让孩子习惯用杯子喝奶。一般情况，奶粉可以吃到15个月，母乳则吃到孩子不吃为止。

硬度 从类似香蕉的硬度开始，逐渐到软米饭或土豆饼的硬度。

可以使用的食材 大部分的谷类、虾仁、蟹肉、鲑鱼肉、贝肉（10个月以后开始吃）、金枪鱼，水果和油脂类。

避免使用的食材 除了金枪鱼以外的深海鱼类、蛋白、鲜牛奶、酸奶。

四种后期辅食的制作方法

面包粥

婴儿出生时淀粉酶含量很低，对谷物等富含淀粉的食物不易消化吸收，所以最好在中期以后再开始添加，面包类则可以更晚些。

材料 面包2片，冲好的奶1杯，煮熟的鸡蛋黄1个。

做法 ①切掉面包片的边，然后切成2厘米见方的小块。②按照一定的比例在奶粉中加水，冲调1杯。③将面包放进煎锅，然后倒入奶，煮开。④文火慢煮，当面包散开以后，加入煮熟的鸡蛋黄，边搅拌边煮。

海带粥

海带具有一定的咸味，非常适合添加在后期辅食中。把切碎的牛肉炒熟，这样更有利于蛋白质的摄取。

材料 泡好的海带30克，米1/2杯，切碎的牛肉10克，水3杯。

做法 ①把米洗干净泡好，碾碎。②将海带洗干净，充分泡发后切碎。③将米、牛肉、海带全部放进煎锅，进行翻炒，然后加水，将米和海带煮软即可。

虾仁鸡蛋羹

因为蛋白很容易引起过敏，因此最好在周岁前后再给孩子吃。在这道菜里，可以用白色的鱼肉来代替虾仁。

材料 鸡蛋1个，虾仁20克，凤尾鱼1/2杯。

做法 ①将凤尾鱼的肚子剖开，去除内脏，用干抹布把海带上的白色粉末擦掉。将凤尾鱼在煎锅中翻炒，去除腥味，再加入少量水煮开，放入海带，继续煮。②虾仁去掉沙线，用刀切碎。③将鸡蛋搅匀后，混入上述汤中，并加入虾仁末，然后上锅蒸7分钟。

牛肉土豆丸子

这个时期，宝宝已经可以开始吃油炸食品了。现在虽然已经可以吃所有的油脂类食物了，不过最好还是不要放太多油。

材料 牛肉 20克，土豆1/2个，胡萝卜1/4个，熟芝麻少许，面粉3大勺，鸡蛋1个。

做法 ①将牛肉切碎备用，土豆去皮，蒸熟后碾成泥。②将胡萝卜煮熟，制成胡萝卜泥，并放入芝麻。③将牛肉、土豆、胡萝卜和芝麻混合，做成丸子。④给丸子先裹上面粉，再裹上鸡蛋，然后在煎锅中倒油，将丸子一边翻转，一边煎。如果孩子有过敏症状，制作时可以只放鸡蛋白。

通过游戏学习物品的名称

10～11个月孩子的游戏计划

妈妈可以教孩子各种物品的名称，通过一一对应的问答游戏，让孩子记住物品的名称。

用语言以外的方法来回答简单的问题 让孩子跟着妈妈做摸、看、指等动作。一边问“球在哪儿？”，一边带他（她）来到球在的地方，说“球在这里”；或者一边说着“鼻子在哪里？”然后拉着孩子的手，用他（她）的手指摸摸鼻子。当孩子做得越来越好以后，就可以让他（她）独立完成。照顾孩子的时候，可以问他（她）“要抱吗？”，然后要等到孩子张开双臂再把他（她）抱起来。想要给孩子玩具或是食物的时候，可以问“要这个吗？”，然后等待孩子伸出手，做出想要拿东西的表示，再一边把东西给孩子，一边还可以继续问“这是什么？”。

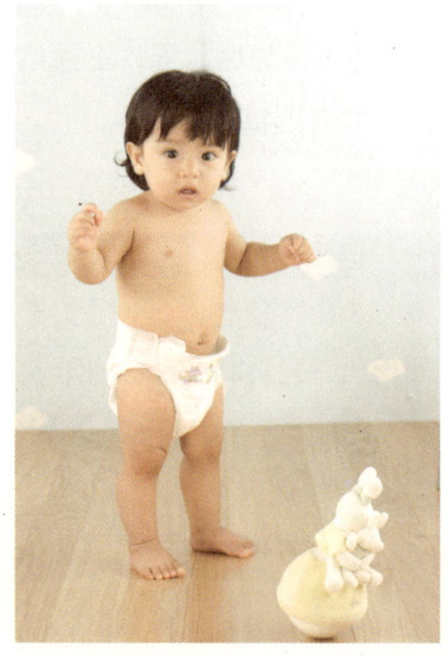

敲打木琴 这个时期的孩子，很喜欢敲打的游戏。可以让孩子手里拿着木棍，随意敲打木琴或者书等，也可以给他（她）平底锅或者盘子让孩子敲。

喜欢打开盖子，会有东西跳出来的玩具 可以给孩子准备一个打开盖子就会有东西跳出来的玩具。每次打开盖子，里面的东西跳出来的时候，孩子会模仿出各种声音和声调。

模仿其他人或物的声音和语调 在跟孩子解释周围一些事物的时候，可以增加一些声音和语调上的变化。例如“小狗汪汪叫着跑过来了”“小汽车嘀嘀地开过来了”。

舔掉沾在嘴边的食物 嘴唇和舌头是由肌肉组成的，这些肌肉与神经发育密切相关。为了让孩子多多活动嘴唇，可以把孩子喜欢的食物沾一点在他（她）的上唇上，让孩子用舌尖舔掉。如果孩子舔得很好，可以把食物沾在他（她）的嘴角，然后让孩子一边照镜子一边舔。这时候，最好能同时跟孩子说一些“真好吃”“阿呜阿呜”等拟声词和拟态语。

看图画书 可以给孩子一些布书，让他（她）独自翻阅玩耍。妈妈可以帮孩子翻开一页，让他（她）集中精神看一小会儿。

倒立 让孩子趴倒，妈妈用两手抓住他（她）的脚踝，一点点提起来，形成一个倒立的姿势，然后慢慢倒向相反的方向，做一个翻跟斗的动作。

玩肥皂泡 向空中吹出一个肥皂泡，孩子会想要抓住肥皂泡，而做出许多以前根本做不到的动作。在家里，可以将洗涤剂和水混合在一起，然后用吸管吹就可以了。制作的时候，浓度要高一些，这样吹出的肥皂泡不容易破。商店里出售的类似产品也有很多。把肥皂泡吹到距离孩子稍远的地方，孩子在追逐肥皂泡的同时，能锻炼到身体的各个部位。

把两个不同的音节连接起来 开始多给孩子说一些两个不同音节连接在一起的词汇，反复地说，孩子就会跟着学。当孩子模仿的时候，一定要称赞他（她），还可以抱抱他（她），或是奖励一些好吃的，让孩子更有兴趣。如果孩子模仿得很好，可以每次换不同的音节。开始的时候，孩子发出类似的声音就给予表扬，慢慢地，他（她）的发音会越来越准确。换尿布或者孩子躺着的时候，仔细观察孩子怎样一边发出声音一边玩。如果孩子能够发出不同音节组合在一起的声音，一定要马上抱抱他（她），同时称赞孩子“说得好”。

找出藏在毯子下的东西 铺好毯子，在下面藏几个玩具。在孩子面前从毯子下拿出一个玩具，孩子也会学着妈妈的样子，翻开毯子寻找玩具，并且找到以后还会开心地拍手。

10～11个月孩子的一天

抓着东西站住，站起来后再坐下。10个月的孩子，已经在努力想要自己走路了。

宝宝姓名　罗银惠
月龄　10个月零7天
出生时体重　2.9千克
目前体重　7千克
分娩方式　自然分娩
喂养方式　人工喂养

吃奶情况　每天4～5次，每次160毫升。

辅食　主要吃蔬菜粥、牛肉粥，其他的辅食都不太喜欢，一般每天吃2次。

运动发育　9个月的时候会抓着东西站起来，10个月的时候，可以走3步。

语言发育　已经可以说很多词语，如“爸爸”“妈妈”“姐姐”等。

游戏时间　喜欢和姐姐一起看书、弹迷你钢琴、拍手、听音乐、跳舞等，经常由相差两岁半的姐姐带着一起玩。

我的宝贝　喜欢咧嘴大笑，喜欢发出各种声音。表现能力飞速提高，已经会说一些简单的话了。走路也比较早，现在已经可以走20多步了。当她蹒跚着走过来扑进我的怀里时，让我觉得既自豪又欣慰。

宝宝姓名　洪灿益
月龄　10个月零10天
目前体重　9.5千克
出生体重　3.7千克
分娩方式　自然分娩
喂养方式　母乳喂养

吃奶情况　白天吃4次，晚上1～2次。

辅食　在粥中加入各种蔬菜（南瓜、胡萝卜、洋葱、土豆等），再按照顺序逐步加入牛肉、虾仁、凤尾鱼、鸡肉，还没有吃过咸味的食物。有时还会添加一些豆腐，每次吃120～160毫升。

运动发育　最近，随便抓住什么就可以站起来，而且似乎对走路充满兴趣。目前正处于行走的准备阶段。如果什么东西都不抓，站着的时候身体还不太稳。

语言发育　属于话很多的孩子，会发出“姆妈”的声音。

游戏时间　喜欢从一个大桶里拿出玩具，然后再把拿出来的玩具扔出去。最喜欢会发出声音的玩具。

我的宝贝　辅食吃得很好，每天吃一次点心，主要是奶酪、水果或者纯酸奶等。睡觉之前会有些闹觉，不过，只要抱一抱或拍一拍，就会很快入睡了。吃过奶之后也会很快入睡。妈妈很想知道他什么时候才能自己入睡。最近，正在帮助孩子接受与妈妈分离的时间。语言方面，最近正在教他“我爱你”“给我”“亲亲”等。

宝宝姓名　李胜民
月龄　10个月零11天
出生时的体重　3.8千克
目前体重　10千克
分娩方式　剖宫产
喂养方式　人工喂养

吃奶情况　每天3～4次，每次240毫升。

辅食　3天吃一次，主要吃牛肉粥、土豆粥、鸡肉粥、蔬菜粥。好像没经过吃糊糊阶段，就直接喜欢吃饭了，每次能吃100毫升左右。

运动发育　现在可以抓着东西站立，可以用膝盖爬，没有经历过用肚子匍匐的阶段，直接就会坐，然后就会爬了。

语言发育　只会说“妈妈”“姆妈”等，却会用“咿咿呀呀”来达到目的。想要东西时，会用手指，嘴里发出“嗯”的声音，如果拿了不喜欢的东西，会用扔来表达自己的意思。

游戏时间　喜欢玩电脑的键盘和鼠标。当妈妈用电脑播放

《青蛙和蝌蚪》、《三只小熊》等儿歌时，会看着显示器，抖动肩膀，好像在伴舞的样子。家里有一个3岁的表哥，最喜欢追在表哥的后面，想要跟人家玩。

我的宝贝 很早就开始吃辅食了，最近主要是吃饭。可能是吃饭的关系，大便比较多，颜色也较重。很听妈妈的话，对自己的东西很执著。睡觉的时候，必须要盖新生儿时盖的被子，即使不哄也可以香甜地入睡。越来越调皮，喜欢拉抽屉，喜欢把手里的东西放进嘴里。总之，一刻也离不开人。

宝宝姓名 朴东建
月龄 10个月零20天
出生时体重 2.83千克
目前体重 8.7千克
分娩方式 剖宫产
喂养方式 母乳喂养

吃奶情况 每天8～9次，随时想吃就吃，没有固定的规律，晚上醒3次吃奶。

辅食 在凤尾鱼海带汤中加入各种蔬菜，或者煮酱汤搭配米饭，有时是鸡肉粥，或者用牛肉和各种蔬菜煮的粥。从大便来看，可能是消化功能还不完善，苹果和胡萝卜几乎是原样拉出来。

运动发育 可以自己抓着东西站起来，还可以自己抓着东西往前走。可以独自站立15秒左右，然后坐下来。

语言发育 会说“妈妈”“爸爸”“阿妈”“阿爸”。

游戏时间 会挥手再见，爱玩藏猫猫。

我的宝贝 已经出了6颗牙，上面4颗，下面2颗。苹果等水果不用榨成果汁，都是直接给他吃的。喜欢蹬腿，样子好像在跳舞。吐着舌头的样子最可爱。最近，当要求得不到满足时，经常会倒在地上嚎啕大哭，医生说这是一种自我表现，不必太担心。

宝宝姓名 宋圭比
月龄 10个月零28天
出生时体重 3.51千克
目前体重 9千克
分娩方式 剖宫产
喂养方式 母乳喂养

吃奶情况 添加辅食之后以及两餐之间吃一次，每天3次，晚上喝3次奶。

辅食 一直有些贫血，所以，经常会给她吃一些牛肉。一般是用米、两种绿色蔬菜、洋葱煮成粥给她吃，每天3次。量大约是大人饭碗的1/2~2/3，通常一周会吃一次牛肉。

运动发育 10个月的时候开始能站一会儿，不过还不能走，但爬得很快。

语言发育 只会发一些简单的单音，不过已经能听懂很多话了。妈妈说“宝宝喜欢的娃娃在哪里？”她就会去找；妈妈说“水”，她就会舔嘴唇；妈妈说“拍手、拜拜、你好”，她就会挥舞手臂；妈妈打电话的时候，最后会说“再见”，她就会在一旁兴奋地挥手。

游戏时间 喜欢玩藏猫猫。现在已经会自己捂住自己的脸，和妈妈玩藏猫猫了。当妈妈说“宝宝在哪里？”她就会急忙向爸爸爬去，一边爬还一边咯咯笑。

我的宝贝 爬得很好，在家里可以随意去任何地方。偶尔可以独自站一会儿，不过还不太熟练，重心不稳。妈妈擦东西的时候，会爬到妈妈背上，笑得很开心。还会拿着自己的袜子或是手帕，模仿妈妈的样子做家务。听到节奏快的音乐（包括古典和流行）时，身体也会跟着前后晃动。

关于10～11个月婴儿的问题与解答

Q　宝宝感冒的时候，应该什么时候去医院？

A　即使是健康的孩子，一般两个月左右也会得一次感冒。作为妈妈，在发现孩子出现一些感冒初期症状的时候，都希望能在家中进行一些适当的处理。因为去医院，很可能会感染上其他疾病。如果孩子感冒症状比较轻的话，不一定非要依靠药物，可以依靠孩子自身的抵抗力来战胜病毒。当孩子开始流清鼻涕的时候，可以给他（她）喝一些婴儿专用的糖浆；孩子发烧的时候，可以先吃退烧药；如果孩子打喷嚏的话，可以适当提高室内的湿度，不要让孩子吹风，多喝一些温水。不过，这些措施都只能起到缓解症状的作用。如果持续了2～3天，感冒症状仍然没有好转，并且开始流黄鼻涕，就说明已经引起了二次感染，只喝糖浆恐怕是无法奏效的。孩子的感冒与成人不同，发展很迅速，还很容易引发一些其他病症，如果持续没有好转，还是应该尽快去医院就医。

Q　应该从什么时候开始让孩子自己睡？

A　在国外，孩子基本上是从一出生开始，就自己单独睡。因为对父母来说，培养孩子的独立性是育儿的一大目标，而且他们认为以夫妇为中心的生活是非常重要的。或许是受到这种观点的影响，现在很多年轻的妈妈也都会为孩子准备好单独的儿童房，希望尽早培养孩子的独立性。但真的让孩子一个人睡，并不那么容易，而且也存在一些问题。这个时期的孩子夜里会醒好几次，醒来后如果发现妈妈不在身边，多半都会因为害怕而大哭。对于黑暗又没有妈妈陪伴的房间，孩子会感到恐慌，无法获得一个稳定的情绪状态。因此，很多专家建议，还是在孩子满3岁后再考虑让他（她）单独睡的问题。

Q 孩子非常敏感易怒，妈妈应该怎么办?

A 孩子的敏感易怒，其实是他（她）本身的一种气质。孩子的气质大致可分为温和型、敏感暴躁型以及平常型三种。敏感暴躁型孩子应该是教养起来最困难的，所占比例是总数的10%左右。这类孩子无法适应身边的变化，稍有不满就会大发脾气，常常把父母弄得很疲惫。作为妈妈，应该理解并接受孩子的这种特性，如果妈妈能对孩子的各种举动作出敏感的回应，是能够帮助孩子将情绪迅速缓和下来的。最好能增加一些和孩子一起活动身体的游戏。不要总是把孩子关在家里，多带他（她）到户外。用更多、更新鲜的东西来吸引他（她）的注意力，对孩子的性格调整会有一定作用。

Q 宝宝感冒鼻塞，不肯吃药，也不肯好好喝水，只想睡觉，嘴里好像有什么东西，怎么办?

A 这是在感冒末期经常会出现的疱疹性口腔炎。疱疹性口腔炎指的是嘴唇周围长出黄色疱疹。当孩子嘴里出现疱疹性口腔炎的时候，孩子无法正常吃饭。即便碰到冷水也会感觉很痛，很容易造成脱水或低血糖，会让孩子感觉很烦躁。因此，即使吃东西很困难，也要尽量让孩子吃一些果汁或含有糖分的饮料，以防止发生脱水。但也不能一次吃得太多，每次只给一点点。如果觉得这样太麻烦的话，可以去医院输液。这种疾病本身并不可怕，但如果因此导致脱水的话，就会引起各种各样的问题。

Q 孩子被蚊子咬后疙瘩很严重，怎么办?

A 孩子被蚊子咬了以后，皮肤上会出现一个小鼓包，然后逐渐变成红疹的样子。通常情况下，可以服用抗组胺剂或者抹一些药膏，如果症状比较严重，则要遵照医嘱用药。用于一般过敏性皮炎的类固醇药膏，对这种情况几乎没有什么效果。

Part 12

周岁的孩子，一切都好吗

11～12个月

My baby portrait

这个时期，孩子最重要的动作发育就是开始走路了。开始走路的时间，个体差异是很大的，不过大部分的孩子到了这个时期已经可以扶着东西慢慢地自己走了。开始的时候，要抓住某个东西站起来，逐渐地就可以依靠着这个东西迈步了。生长速度快的孩子，在周岁的时候已经可以熟练地行走了。不过，每个孩子的生长速度都是不一样的，有些孩子到周岁的时候，还只会爬。另外，和妈妈的沟通能力也日渐提高。当妈妈称赞他（她）的时候，孩子会表现得很开心；当妈妈责备他（她）的时候，孩子则会露出生气的表情。孩子周岁以后，可以开始训练他（她）独立吃辅食了，这也是精神方面成长的一个证据。健康的孩子在快满周岁的时候，无论是吃饭、睡觉，还是玩耍，都应该呈现出良好的状态。妈妈要尽量帮助孩子养成合理的生活习惯，对孩子来说，有规律的生活习惯对于身体的发育是非常重要的。

宝宝发育正常吗

表12.1和表12.2是11个月婴儿的身体发育统计数据，供参考。

表12.1　11个月时男婴的身体数据

指标	11个月时百分位数						
	3	10	25	50	75	90	97
体重（千克）	7.42	7.75	9.00	9.80	10.60	11.39	12.00
身高（厘米）	71.0	72.8	74.4	76.2	78.0	79.8	86.2
头围（厘米）	43.0	44.0	45.0	46.1	47.0	48.0	49.2
胸围（厘米）	42.9	44.2	45.8	47.0	48.2	49.8	51.0

表12.2　11个月时女婴的身体数据

指标	11个月时百分位数						
	3	10	25	50	75	90	97
体重（千克）	7.37	7.62	8.40	9.30	10.00	10.80	11.75
身高（厘米）	69.7	71.3	73.3	75.1	77.1	79.3	85.7
头围（厘米）	42.6	43.5	44.2	45.2	46.2	47.4	48.9
胸围（厘米）	42.0	43.0	44.5	46.0	47.3	48.8	50.0

11～12个月孩子的生长发育以及育儿作业

辅食升级，准备婴儿食品

曾经那个每天要睡上20个小时的小宝宝，如今已经会走路，会说话，也会冲妈妈撒娇、发脾气了。这是一个多么巨大的变化呀！宝宝即将迎来周岁的生日，而作为父母，也将正式进入育儿的新阶段。

这个时期孩子身上的变化

体重是出生时的3倍　这个时期，孩子的体重应该在10千克左右，是出生时的3倍；身高在75厘米左右，约是出生时的1.5倍。虽然，体重增加的幅度比刚出生前几个月的时候降低了，不过身上的肉却更瓷实了，感觉很健壮。腿变长，腰也变粗了，体型已经不再是个小婴儿，正在逐步向幼儿转变。

迈出人生第一步　已经熟练掌握了扶东西站立的孩子，现在可以逐渐松开双手，独自一个人向前走了。站立和行走的时间，越来越多于爬的时间。不过，在走路这件事上，存在着很大的个体差异，有些孩子可能到现在才刚刚开始扶着东西站立。

不听妈妈的话　一直到9～10个月的时候，如果妈妈说“不行”，孩子都会看看妈妈的眼神，然后停下手里的动作。但到了这个时期，曾经的乖宝宝却变成了“叛逆儿童”。

用杯子或吸管代替奶瓶，来让孩子喝奶或喝水。

经常带孩子到户外，刺激孩子的好奇心。

当他（她）摸电源插座的时候，尽管妈妈很大声地说“不要动”，可他（她）还是会快速地摸上一下，嘴里还会发出声音。这证明，孩子的独立性正在逐渐加强。

不停地说话　这个时期的孩子很爱说话，虽然没人能听懂他（她）在说什么。即使只有他（她）一个人，也会好像有人在面前似的，说得津津有味。特别是会对“妈妈”“爸爸”等以“ɑ”的音节为结尾的词语作出敏感的反应。随着语言能力的提高，宝宝对于别人的话的理解能力也在逐步加强。

从活动中获得成就感　当孩子找到一件很喜欢或是很想要的东西时，会表现得特别高兴，这是“自我意识”发展的一个证明。当孩子表现出这种感情的时候，妈妈一定要附和着拍手、微笑，对孩子的情绪作出回应。

了解物品的功能　记忆力和解决问题的能力继续发展。这个时期的孩子，已经可以把物品与其功能联系起来。例如，已经可以逐渐记住勺子是吃饭时用的东西。

可以自己用勺子吃饭　这个时期的孩子，已经可以独自抓着勺子舀饭吃了。虽然掉到身上的饭粒可能要比送进嘴里的还多，但必须要让孩子自己拿着勺子。训练孩子用勺子吃东西，对于培养孩子的饮食习惯很有好处。另外，这个时期的孩子，非常喜欢自己拿着勺子吃东西。在经历了几次失败以后，终于把食物送进嘴里的时候，孩子一定会获得很大的成就感。

用摇头表示“不喜欢”　这个时期的孩子，已经懂得用摇头来表达“不喜欢”的意思，这也是孩子成长过程中一个非常重要的阶段。

根据情况做出一些适当的言语和动作　孩子会根据实际情况，做出或说出代表“给我”“谢谢”等含义的行动或话语。

开始跟布娃娃说话 看到可爱的宠物会微笑，会去亲布娃娃的脸以表示亲近，这些都是孩子社会性发展的一个标志。

这个时期妈妈要完成的育儿作业

结束之前的辅食，开始准备婴儿食品 一岁之前，孩子就要进入辅食结束期。在结束期的时候，可以直接给他（她）吃饭或者吃一些略有硬度的小菜。乌冬面、面包等都是不错的选择。不过，要尽量避免过甜，或是香气特别浓郁的食物，还要避免鱿鱼、贝类等不易消化的食物。

帮助孩子走得更好 即将迎来周岁生日的宝宝，目前的最大任务就是走路了。创造一个可以让孩子独立行走的环境，玩一些可以促进孩子活动的游戏，都对孩子尽快学会走路有一定帮助。

准备周岁生日宴 孩子的第一个生日马上就要到来了。吃自助餐还是在家里自己准备，要邀请哪些客人等等，这些事情都要早做打算。通知客人宴会的时间，以提前2～3周为宜。

不要给孩子吃过甜的食物 这个时期的孩子，每天除了要吃三顿饭之外，还要有一顿点心。如果现在就经常让孩子吃一些过甜的食物，一定会影响到他（她）的正常食欲。糕点、冰淇淋、蛋糕等都含有大量的糖分，所以并不适宜作为点心。酸奶、水果、煮熟的土豆或红薯、奶酪等，都是不错的选择。

12个月的免疫接种 找到孩子的接种手册，确认接种时间和接种项目。12个月的基本免疫接种包括麻疹疫苗、腮腺炎疫苗、风疹疫苗等，还有选择接种的水痘、流行性脑脊髓膜炎疫苗等。在接种疫苗之前，可以把平时育儿过程中的一些问题记录下来，以便到时可以咨询医生。

消除家中的安全隐患 孩子开始走路以后，活动空间要比爬的时候更大了。放在餐桌上的杯子、炉灶上煎锅的把手、放在抽屉里的化妆品都会成为孩子感兴趣的对象。在孩子会走以后，妈妈一定要认真看护，只要是孩子手能碰到的地方，必须清理掉一切危险物品。

准备一些有助于语言发育和社会性发育的玩具 这个时期的孩子，最好的玩具应该是玩具电话、动物玩偶、可以推拉的卡车等等，还可以为孩子准备一些简单的积木或画图工具，这些玩具也有助于发展孩子的想象力。

11～12个月孩子的游戏计划

这个时期的游戏主题是积极地迎合孩子一刻不停的“咿咿呀呀”。通过简单的涂鸦或一些小动作，可以促进手部肌肉的发育。

涂鸦 快满周岁的时候，孩子双手细微动作的协调能力逐渐发育，已经可以自由地活动手指了。这种行为可以使大脑活动更加活跃，并且提高智力。为了能让孩子可以方便地随意涂鸦，最好为他（她）创造一个可以想画就画的环境。刚开始的时候，妈妈可以帮助孩子抓住画笔。

翻书 给孩子读一些简单的故事，同时给孩子演示怎样翻书，然后拉住孩子的手，让他（她）去翻书。这时，妈妈可以逐渐放开，让孩子慢慢地一个人把书页翻过去。如果孩子不想翻，可以在书页里夹一些他（她）感兴趣的物品，来吸引孩子的注意力。

把容器里的东西倒出来 在杯子里放上叉子或糖果，然后把杯子递给孩子，让他（她）把东西倒出来。这个活动可以有效地让孩子了解到自己的行为会造成什么样的后果。

说出名称 告诉孩子身体各部位的名称（例如眼睛、鼻子、脚趾、牙齿等），然后让孩子一边指着身体的部位，一边说出它的名称。如果孩子能够说出物品的名称，当他（她）想要这件东西的时候，就要引导他（她）说出名称。如果孩子伸出手想拿东西，妈妈可以先说一遍这个东西的名称，然后让孩子跟着说。

打电话 可以给孩子准备一个玩具电话，让孩子明白“喂”等打电话常用语所包含的意思。学习特定情况下的特定行为和语言，对于提高孩子的语言能力很有帮助。

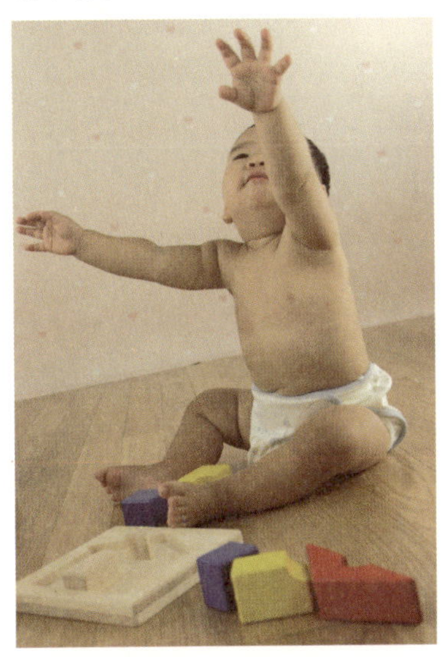

给老游戏增加新变化 给一些已经熟悉的游戏增加些新变化，会让孩子感到非常欣喜。如果一直是妈妈先用手捂住脸，然后大声说“猫儿”，那么现在可以在喊“猫儿”之前停一会儿，并观察孩子的反应。开始的时候，孩子可能会愣一下，但很快他（她）就会明白这是妈妈故意在逗他（她），然后就会咯咯笑起来。假装要把球扔给孩子，结果却扔向了其他的地方。这些小变化都是可以让孩子玩得更开心的小窍门。

把纸筒放在耳边跟孩子说话 把一张纸卷成一个长纸筒，一端放在孩子的耳朵上，另一端放在妈妈的嘴边，通过纸筒和孩子说话。“宝宝，是妈妈，妈妈”妈妈说完以后，可以把纸筒移到孩子的嘴边，让他（她）说话。如果孩子咿咿呀呀地说了什么，那么妈妈也要学着再说一遍。

把日常生活用品当玩具 这个时期的孩子，很喜欢把生活用品拿来当玩具玩。他们会举着遥控器冲着电视挥舞，模仿妈妈用梳子梳头，还会把电话放在耳边，同时嘴里“咿咿呀呀”。这时候，妈妈要做的就是准备更多可以让孩子玩的生活用品，让他（她）玩个够。

找东西 把各种东西藏在孩子看不到的地方，让孩子去找。如果孩子找到了，妈妈要拍手，并且作出开心的样子。找到藏起来的玩具，可以提高孩子的记忆力。

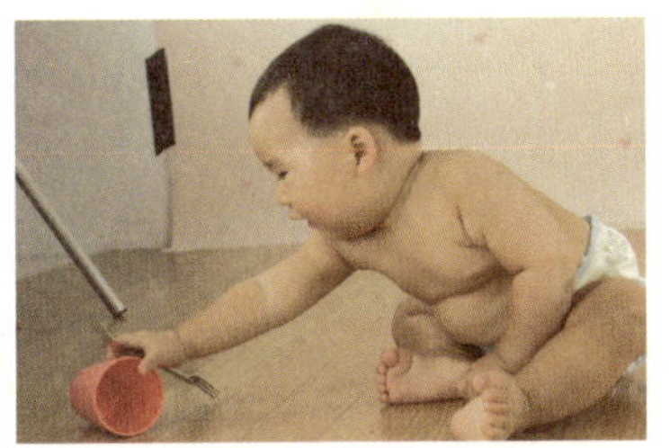

叠杯子 这个时期的孩子，手和眼配合协调，指尖也可以很敏捷地活动，可以把一些宽口的杯子叠起来。当孩子不知道怎么玩的时候，妈妈可以先做个示范，然后让孩子模仿。

11～12个月孩子的一天

出生一年，孩子已经可以独立行走，喜欢吃饭而不是只抱着奶瓶，可以听懂妈妈说的很多话。

宝宝姓名　崔贞源
月龄　11个月
出生时体重　2.34千克
目前体重　8.6千克
分娩方式　自然分娩
喂养方式　母乳喂养

吃奶情况　因为是母乳，所以无法计算准确的数量。喂奶时间是上午7点，下午1点、4点、7点，晚上10点。

辅食情况　在牛肉中放入蔬菜，主食是细软的米饭。偶尔给他喝一些撇掉油的参鸡汤或吃米饼以及宝宝酱汤。点心则是含铁的水果，以及煮熟的红薯、栗子或南瓜等。

运动发育　正在学习走路，可以一个人从坐着站起来，不扶任何东西，然后走一两步。领着他的手，他可以走得很好。

语言发育　可以比较准确地叫出“妈妈”“爸爸”。最近经常会发出一些奇怪的声音，然后自己咯咯地笑。

游戏时间　把书架上的书全部扒拉下来，然后把书架推倒；跟着婴儿健身器的节奏跳舞，推倒妈妈搭好的积木；拍手等。

我的宝贝　贞源是妈妈怀孕36周时出生的，算是有些早产，所以个子比同龄的孩子要小一些。不过，他一切都很健康。

宝宝姓名　郑俊宇
月龄　11个月零3天
出生时体重　3.2千克
目前体重　11千克
分娩方式　剖宫产
喂养方式　人工喂养

吃奶情况　每天4次，每次250毫升。

辅食情况　在软饭中掺入煮熟的蔬菜，拌匀后给他吃。每天吃2次，每次可以吃光一碗。有时会把牛肉切碎拌在里面。

运动发育　可以独立走10步左右。经常一边推着小汽车，一边走路。可以把一条腿攀在沙发或椅子上，然后爬上去。

语言发育　可以准确地说出“妈妈”“爸爸”。

游戏时间　每周都和妈妈一起上亲子课。在那里，可以玩各种小器械、吹肥皂泡和玩气球，他非常喜欢。在家里，喜欢拉着小汽车到处走，对汽车轮子充满了兴趣。还喜欢坐在妈妈的膝盖上，看电脑里播放的动画片。

我的宝贝　最近非常喜欢拉着会出声的小汽车到处走。不过，也经常会毫无来由地发脾气、闹别扭。当吃饱、睡好了的时候，会表现得特别兴奋。

宝宝姓名　方智贤
月龄　11个月零7天
出生时体重　3.1千克
目前体重　9.6千克
分娩方式　剖宫产
喂养方式　满月前母乳喂养，目前人工喂养

吃奶情况　每天5次，每次240毫升。

辅食情况　每天3次，主要吃鸡蛋羹、酱汤、海带汤，有时会把米饭泡在骨头汤里，或是用紫菜包了给她吃。刚开始添加辅食的时候，曾经吃过粥，不过很快就直接吃米饭了。

运动发育　很早就会自己站，10个半月的时候开始学走路。现在已经可以走上十几步了。行动的时候，总是爬和走并用，对于自己迈步好像感觉很有兴趣。

语言发育　会说“妈妈”“爸爸”“波——”等，吃到喜欢的东西时，会发出长长的“姆——”的声音。

游戏时间　自己用手拿起手绢遮在自己的脸上，玩藏猫猫。当姐姐在旁边唱歌跳舞的时候，她会跟着一起拍手，并挥舞手臂。最喜欢的游戏是翻抽屉，还有就是把玩具筐里的玩具全部都扔到外边。

我的宝贝　自从学走路开始，就给家里人带来了很多的笑料。尤其是在得到姐姐的声援时，她会走得更加卖力。准备要吃饭的时候，她会第一个跑过来，然后一个人爬上椅子坐好，然后喊妈妈要求吃饭。

宝宝姓名　郑彩尹
月龄　11个月零12天
出生时体重　2.9千克
目前体重　8.8千克
分娩方式　自然分娩
喂养方式　8个月前母乳喂养，目前人工喂养

吃奶情况　每次200毫升，每天4次（早上起床后，上午11点，下午4点，睡觉之前各一次）。

辅食情况　每天3次，吃得最多的是比较清淡的酱汤以及白泡菜汤泡饭。

运动发育　正在学习走路，可以快速地走出一条直线。不过，还不太会控制速度，方向掌握得也不太好。当偏离了方向以后，会坐个屁墩儿，然后站起来继续走。

语言发育　可以清楚地表达自己的意思。如果有想吃的东西，会拉着妈妈的手去厨房，然后指着那个东西发出“哦哦”的声音。爸爸是面包师，所以很早就会发“包”的音。

游戏时间　喜欢和妈妈一起玩捉迷藏。如果妈妈轻弹一下她的后脑勺然后跑开，她就会咯咯笑着追过去。

我的宝贝　很早就开始吃饭了，吃饭和菜的时间要比吃奶粉的时间还长，她还很喜欢吃水果。虽然没有固定的时间，不过还是会经常给她看书。最近开始会和妈妈闹别扭、发脾气了。

宝宝姓名　尹艺彬
月龄　11个月零22天
出生时体重　3千克
目前体重　9千克
分娩方式　自然分娩
喂养方式　混合喂养

吃奶情况　把米粉与牛奶混合，一共1000毫升，分4~5次食用。

辅食情况　不喜欢吃肉，经常吃豆腐等豆类食品以保证蛋白质的摄取。把米饭蒸得软一些，泡上酱汤或是凤尾鱼海带汤泡饭，她都很喜欢，可以吃上半碗。正在努力每天吃3次辅食。

运动发育　6个月开始会独坐，8～9个月的时候，会扶着东西站起来，满11个月的时候会走。中间完全没有经历用肚子向前爬的阶段。

语言发育　10个月的时候，可以准确地叫出“妈妈”，现在11个多月，也可以叫出“爸爸”了。

游戏时间　一直都很喜欢玩藏猫猫，还喜欢打开盒子的盖子、拿出盒子里的东西等。妈妈经常会抓住她的脚踝，先倒立，然后再向后翻过去。

我的宝贝　艺彬恐怕是世界上最忙的宝宝了，一天总是跟在妈妈身后走个不停，到处闲逛。虽然别人完全听不懂，她还是会一天到晚说个不停。不过，在喊爸爸妈妈的时候，她会准确地发出“走”的音，这可能是因为她非常喜欢出去玩的缘故。

宝宝姓名　尹尚宇
月龄　11个月零29天
出生时体重　3.04千克
目前体重　9千克
分娩方式　自然分娩
喂养方式　人工喂养

吃奶情况　每天5次，每次160毫升。

辅食情况　从9个月开始吃粥，喝酸奶。每天吃3次饭，饭做得软一些，略放一点酱油，拌匀后给他吃。还会吃一些煮熟的蔬菜和水果，如土豆、西兰花、玉米、苹果。

运动发育　扶着东西站起来后，能独立站一会儿，可以领着他的一只手向前走。

语言发育　会根据情况，能够准确使用“嘎嘎”“妈妈”，每天嘴里都会说个不停。

游戏时间　把他放在地板上，他会用膝盖向前爬。喜欢玩一些会发出音乐的运动器械。在外面的时候，喜欢追逐被风吹起的树叶。

我的宝贝　现在已经开始一个人站立了，不过还不能自己走。很喜欢看书，好像有很好的记忆力。因为妈妈要上班，所以每天由外婆照看。看到妈妈的时候，他会露出微笑却不说话，样子非常可爱。

周岁生日的准备

宝宝来到这个世界已经一年了，周岁的生日宴就显得非常重要。那么，怎样准备一场完美的生日宴呢？

确定日期

首先要确定下来的事情，当然是日期。因为只有确定好日期，才能预定场地。通常，大家都会选择孩子正式生日之前的周末。对客人们来说，最合适的时间是周六的晚上或是周日的中午。如果没有从外地过来的客人，也可以选择安排在周五晚上。最让客人们感到挠头的时间是周日晚上，因为第二天还要上班，如果不是单纯的家庭聚会，最好避开这个时间。

确定场地

场地要根据客人的数量、预算的情况来选择。

选择自助餐厅的注意事项

交通 不一定非要在家附近。要考虑到客人的分布情况，尽量选择1个小时内可以到达的地方。当然，如果能在地铁附近是最好的。

停车 至少要提供2小时以上的免费停车。

是否有单独的包间 当然最好能提供一个单独的包间，如果没有包间，至少要在大厅分区。

容纳客人的数量 因为可能会有一些没有邀请的客人到来，所以要确认好餐厅容纳客人的数量，提前做好客人增加的准备。

菜单（是否可以自带食品） 周岁宴的餐桌上，一般要

Tips 周岁的庆祝活动

抓周 孩子抓周的时候，可以让客人们预测孩子会抓到什么东西，并且举行抽奖活动，增加宴会的趣味性。

成长小报 把孩子从出生到周岁的各种素材制作成报纸的样子，展示在墙上。

照片墙 把照片贴在一块板子上，然后挂在墙上。

祝福墙 准备一块板子，让客人将祝福语写在上面。

成长电影 把孩子的照片和视频制作成一段5～10分钟的小电影，供客人们观赏。通常，这会是最受客人欢迎的环节。

父母致谢 在抓周结束之后，父母会向客人送上致谢的卡片和红包。虽然客人们会推辞一番，但致谢依然是大家很喜欢的一项内容。

包括3～5种糕点、3～5种水果，还有蛋糕、鲜花等。

是否提供支架 确定餐厅是否能提供支架，安放活动展板或是照片板。如果没有的话，要自己提前准备。

抓周用品 很多人相信，抓周可以预知孩子以后的职业。如果要搞这个仪式，相应的物品需要自己准备。

灯光以及音响设备 如果打算在宴会时摄像，必须要确认灯光和音响设备运行是否正常。因为在摄像的时候，音乐会占据很重要的位置，所以一定要检查好音响设备。

展示空间 确定是否提供展示空间，可以让客人看到孩子的照片。

优惠情况 是否有信用卡折扣或是现金折扣，是否提供一些折扣券等。

预约拍照和摄像

周岁照一般是在生日前一个月拍摄。只有这样，才能在生日宴的时候让大家看到制作好的相册、印有孩子照片的请柬、制作好的照片墙。因此，就要提前50天预约，才能保证可以在计划的时间内拍摄。选择影楼的时候，还要确认能否制作成光盘、有没有外景拍摄等。因为孩子在户外玩耍时拍的照片是最漂亮的。另外，还要预约生日宴当天的摄像服务。

服装准备

因为是要在生日当天穿的，所以最好能配合拍照的要求来准备。可以准备一套礼服，一套民族服装，再准备一套日常服装。

生日宴活动准备

现在的生日宴，一般都会准备很多娱乐活动。抓周是最基本的，除此之外还有生日小报、成长电影、祝福墙、父母

宴会当天要携带的物品

宝宝用品 宝宝食品、尿布、湿纸巾、玩具、婴儿车、背带。

服装 孩子的礼服以及爸爸妈妈的韩服。

活动用品 活动板、号码卡、签字笔。

拍摄用品 照相机、摄像机。

经费 宴会费用、其他杂费等。

手提包 收到的礼金最好放在带有拉锁的手提包里。

答谢活动等。最好能提前确定活动的内容，以便做好准备。生日小报、照片墙、成长电影等，要收集素材并且进行编辑，通常需要一个月的时间。

邀请客人

应该提前一个月开始邀请客人，最好能直接打电话。如果是不太好亲自登门的地方，可以问清对方的电子邮件地址，然后把邀请函发送过去。很多网站都提供此类电子邀请函的制作模板，可以参考使用，而且还可以在里面附上孩子的照片。

宴会当天的装饰

要提前设计好宴会当天门口的装饰、餐桌的装饰、客人签名簿、餐厅里摆放的鲜花等等。现在，很多妈妈都非常喜欢装饰大量的气球。

家人的服装准备

要提前准备好家人当天的服装。父母可以全部穿民族服装，也可以妈妈穿民族服装，爸爸穿西装。

答谢礼的准备

要确定好答谢礼。目前大多是包装精美的糕饼，有些妈妈会准备茶具、毛巾、天然香皂等。因为筵席上都会提供糕饼，所以也可以赠送其他甜点。

妈妈的美容预约

如果在宴会当天临时去做美容和做头发，可能会比较仓促。最方便的办法是提前预约上门服务或者约在宴会场地附近的美容院。不过，一定要确认好时间，以免造成延迟。

调节孩子的状态

宴会当天最重要的是孩子的状态。如果孩子特别认生或者总是哭闹，会破坏美好的气氛。在宴会之前，一定要注意不要让孩子感冒，也要避免脸上或身上擦伤。

关于11～12个月婴儿的问题与解答

Q　孩子在街上看到小猫小狗会感到很害怕，怎么办？

A　这个时期的孩子，已经明确知道人与动物是不同的。所以，很多孩子在第一次看到动物的时候，都会感到陌生、奇怪，产生害怕的心理。如果孩子害怕小猫小狗，无需特别介意，最好不要强行让孩子去亲近动物。平时可以多给他（她）看一些动物的图片或影像，在公园里看到宠物的时候，妈妈可以先过去摸一摸。这样，孩子逐渐就会对动物产生亲切感了。

Q　孩子得了手足口病怎么办？

A　发热，同时手掌、脚掌以及嘴里出现红疹，并很快转化成水疱，这些都是手足口病的症状。有时候，甚至膝盖和屁股上也会出现水疱。这种病一般多发于春天，是病毒通过污染的食物、饮料、水果等经口进入体内，并在肠道增殖，引发红疹。如果只是手脚上出现红斑，但没有发热，就无需太担心，一般7～10天后，就会自行消失。可服用抗病毒药物、清热解毒中草药及维生素B、维生素C等。如果嘴里也出现红疹，而且无法吃东西，同时伴有发热症状，则必须去医院。因为无法吃东西，有可能会造成脱水，所以最好能喂孩子喝一些果汁，还可以用湿毛巾擦拭孩子的手掌和脚掌，这些都能够适当缓解症状。

Q　宝宝几乎每天都要吐一次，怎么办？

A　如果每天习惯性地呕吐，但并没有其他的异常，多半是因为强迫孩子吃了他（她）不喜欢吃的东西。有些孩子天生就食量偏小，而有些孩子则很爱吃。如果妈妈一直追着孩子，强迫他（她）“再吃点，再吃点”，会让孩子感到压力。如果孩子拒绝再吃，那么即使他（她）吃得并不多，妈妈也不要着急，只要满足了孩子的要求即可。另外，也可以适当调整烹调的方法和使用的食材，通过其他方式来增加孩子的食欲。市面上出售的一些辅食或是成长期奶粉，虽然热量很高，但味道并不好，无法让孩子感受到食物所带来的乐趣，所以要谨慎选择。

Q　孩子什么时候可以开始喝鲜牛奶?

A　鲜牛奶是一种容易引起过敏的食品，所以必须要在孩子满周岁以后，先要确认是否有过敏反应，然后再给孩子饮用。鲜牛奶的饮用量最好是一天400～500毫升。如果喝得过多，会让孩子不爱吃饭，造成营养不均衡。特别是鲜牛奶中的铁含量不足，如果过多地喝鲜牛奶而忽略了其他营养物质的摄入，在孩子周岁时，有可能会出现缺铁性贫血。如果在这个时期铁不足的话，会引起大脑发育异常，所以牛奶最好不要喝得太多。要想预防缺铁性贫血，可以让孩子在15个月之前喝专门的配方奶粉，15个月以后再开始喝鲜牛奶。

Q　宝宝眼睛经常充血，怎么办?

A　眼睛充血的原因，可能是结膜炎或是过敏等。如果眼睛充血，同时流眼泪或有眼屎，可能是结膜炎；如果发痒，并且鼻涕眼泪一起流，过敏的可能性比较大。孩子瞌睡的时候经常揉眼睛或者睫毛太长碰到眼球，也都会造成眼睛充血。如果没有其他症状，就不需要进行专门的治疗。

Q　孩子只喜欢布书和立体书，怎样让他接受更多的图画书?

A　一打开就有东西跳出来的立体书和可以感受各种触感的布书，因为能够刺激好奇心和想象力，孩子当然都会非常喜欢。这个时期的孩子，注意力不容易集中，也不认识字，所以他（她）并不是在看书，而是在看图。在这个阶段，图片多的书能够吸引孩子的注意力。能够在书里看到平时身边的很多东西，会让孩子觉得很有趣。